Heinz Kurz

Die Baureihe ET 11

Die elektrischen Schnelltriebwagen der Deutschen Reichsbahn

EK-Verlag

Impressum

Titelbild

Auf einer Pressefahrt im Frühjahr 1936 kam der elT 1900 auch auf die Strecke Freilassing – Berchtesgaden. Im Bahnhof Hallthurm wurde der Aufenthalt für Werbefotos genutzt.

Rückseite

Der Bahnhof Bischofswiesen wurde von der Rbd München immer wieder gerne für Werbefotos genutzt. So ließ sie dort auch den neuen elT 1900 bei einer Probefahrt ablichten.

Aufnahmen (2): DRG, Sammlung EK-Verlag

ISBN 978-3-8446-6069-2

www.eisenbahn-kurier.de

Bearbeitung/Gestaltung: Ernst Andreas Weigert

Bildbearbeitung: Daniel Jennewein, Sabine Ressel, Sandra Schnellbach, Rico Schreiber

Unser Gesamtverzeichnis erhalten Sie kostenlos unter Tel. 0761-70 310 0 oder unter service@eisenbahn-kurier.de

EK-Verlag – ein Verlag der VMM Verlag + Medien Management Gruppe GmbH
Munzinger Str. 5a – 79111 Freiburg

Inhaltsverzeichnis

△ **Bild 1** • Frontansicht des weitgehend fertiggestellten Schnelltriebwagens elT 1900. Der Triebzug ist noch nicht abgenommen, erkennbar an den fehlenden Angaben bei „Haftpfl" und „Anstrich". Die Scheibenwischer sind noch nicht montiert. Aufnahme: Werkfoto Esslingen, Sammlung EK-Verlag

Ein Wort zuvor

Die drei elektrischen Schnelltriebwagen elT 1900 bis elT 1902, ab 1941 ET 11 01 bis ET 11 03, führten in der deutschen Eisenbahngeschichte eher ein Schattendasein. Als Erprobungsträger gedacht und bestellt, hatten die Triebwagen schlechtere Startvoraussetzungen als die dieselelektrischen Wagen, denn sie waren auf elektrifizierte Strecken angewiesen. In Süddeutschland gab es beim Erscheinen der ET 11 als einzige längere Verbindung nur die Strecke von Salzburg nach Stuttgart, zu kurz, um einen wirtschaftlichen Schnellverkehr aufzubauen. Im mitteldeutschen und schlesischen Netz sah es noch ungünstiger aus. Dazu kamen die topografischen Schwierigkeiten, die z. B. zwischen München und Stuttgart nur Reisegeschwindigkeiten zwischen 80 km/h und 90 km/h zuließen. Das war deutlich weniger als bei den Dieselschnelltriebwagen mit 110 km/h und 120 km/h und daher für die Reisenden weniger attraktiv.

Als Versuchsfahrzeuge bis zum Beginn des Krieges über den Experimentalcharakter nicht hinausgekommen, war nach Kriegsbeginn eine systematische Erprobung der Triebwagen nicht mehr möglich, da sie nicht als kriegswichtig galten. Angesichts der nicht überzeugenden Laufeigenschaften wäre aber diese Erprobung durch das Versuchsamt Grunewald dringend notwendig gewesen. Nach dem Krieg war ihre Zeit auch technisch schon vorüber. Den Sprung in die Serie haben sie nie geschafft. Die vorgesehene Höchstgeschwindigkeit von 160 km/h haben sie bei planmäßigen Fahrten nie erreicht. Da nach dem Krieg auch die Weiterelektrifizierung zunächst stockte, gab es für den ET 11 jenseits von Militär- und Sonderverkehr kaum überzeugende Einsatzmöglichkeiten. Lange Abstellzeiten und das Warten auf die Aufnahme im Ausbesserungswerk kennzeichneten seinen Lebenslauf. Erst als der Fahrdraht Ende 1957 Frankfurt am Main erreichte, fand sich in der Verbindung München – Frankfurt ein akzeptabler Einsatz. Das geringe Platzangebot und die dürftigen Servicemöglichkeiten zwangen zumeist zur Doppeltraktion zweier gekuppelter Einheiten. So darf es nicht verwundern, dass der Einsatz nach Frankfurt am Main schon nach nicht einmal zwei Jahren wieder Geschichte war. Insgesamt blieben dem ET 11 abgesehen von einigen konstruktiven Einzelthemen richtungsweisende Anstöße für die Entwicklung moderner elektrischer Hochgeschwindigkeitsfahrzeuge versagt. So gesehen wurde auch er ein Opfer des Krieges.

Der Abgesang war ebenfalls wenig spektakulär. Zum Messtriebwagen umgebaut oder besser gesagt herabgestuft, konnte sich der ET 11 01 noch einige Jahre mit Mess- und Prüffahrten halten, ehe er 1971 den Dienst quittieren musste, weil er nicht mehr gebraucht wurde. Die Verschrottung blieb ihm erspart. 1971 erwarb ihn die Deutsche Gesellschaft für Eisenbahngeschichte (DGEG) als nicht betriebsfähiges Museumsfahrzeug. Äußerlich restauriert, wird er seit 1980 in einem der Ursprungsfarbgebung ähnlichen Erscheinungsbild der Öffentlichkeit präsentiert. Als in den achtziger Jahren der Hochgeschwindigkeitsverkehr in ganz Europa den Neustart mit einem weiter angehobenem Geschwindigkeitsniveau wagte, war die Zeit für die Technik des ET 11 mit seiner analogen Grundstruktur und Wechselstrom-Kommutatormotoren abgelaufen.

Die eigentliche Bedeutung des ET 11 liegt weniger in seiner Rolle als Fahrzeug als vielmehr in seinen Impulsen für die Schweißtechnik im Eisenbahn-Fahrzeugbau, für den Leichtbau insgesamt und für die Blechträgerbauweise zur Ablösung der Walzprofilbauweise im deutschen Schienenfahrzeugbau.

Dieses Buch stützt sich wieder auf die Materialsammlung von Horst Troche, der 1999 für die DGEG eine Broschüre über den ET 11 veröffentlichte, und eigene Unterlagen des Verfassers. Dank gebührt Joachim Deppmeyer, Ronald Krug und Wolfgang-D. Richter, die zusätzlich Unterlagen aus ihren Archiven bereitgestellt haben. Zu danken ist auch der Alstom Group, die Bilder aus dem ehemaligen Archiv der AEG zugänglich gemacht hat, und dem Bundesarchiv, das die Nutzung von Unterlagen aus dem Archivbestand genehmigt hat. Ohne an dieser Stelle einzelne Namen zu nennen, gebührt großer Dank den zahlreichen Bildurhebern, ohne die ein anschauliches Bild des ET 11 in seinen zahlreichen Erscheinungsformen nicht möglich gewesen wäre. Ihre Namen sind im Zusammenhang mit den Bildunterschriften genannt. Zu danken ist auch dem Verlag, der die Anregung für dieses Buch gegeben hat, und seinen Mitarbeitern für Mitgestaltung und umfangreiche Unterstützung.

Im Oktober 2023 — Heinz Kurz

1 Die Versuchswagen der Studiengesellschaft für Elektrische Schnellbahnen (St. E. S.) für Marienfelde – Zossen

Die am 10. Oktober 1899 gegründete Studiengesellschaft für Elektrische Schnellbahnen (St. E. S.) hatte die Aufgabe, Entwicklungsbeiträge zur Förderung des elektrischen Schnellbahnverkehrs zu leisten. Unter Führung der Deutschen Bank hatten sich Fahrzeug- und Fahrwegbauer zusammengeschlossen. Für geplante Versuche auf der eingleisigen Militärbahn Marienfelde – Zossen wurden zwei Drehstrom-Versuchswagen bei van der Zypen & Charlier in (Köln-)Deutz in Auftrag gegeben, die von der AEG (Wagen A) und Siemens & Halske (Wagen S & H) elektrisch ausgerüstet wurden. Für die Entwicklung des Siemens-Wagens arbeitete Walter Reichel, der 1895 die Grundlagen für den Tatzlagerantrieb bei Straßenbahnen geschaffen hatte. Beide Wagen standen für die bekannten Versuche des Jahres 1903 zur Verfügung.

Siemens hatte den etwa 23 km langen Abschnitt zwischen Marienfelde und Zossen mit einer seitlichen dreiphasigen Fahrleitung mit übereinander liegenden Fahrdrähten an Holzmasten mit eisernen Stützprofilen für die Seitenfahrleitung ausgerüstet. Der für 80 km/h ausgelegte Oberbau der Strecke mit leichten Stahlschwellen in Sandbettung wurde vom Militärfiskus für höhere Geschwindigkeiten ertüchtigt. Dazu gehörten in einer ersten Stufe längere Holzschwellen und Schienen mit einem Metergewicht von 33,4 kg (preuß. Form 6) mit Schienenlängen zwischen 9 und 12 m. Mit Abschluss der ersten Stufe am 30. November 1901 war eine Höchstgeschwindigkeit von 160 km/h erreicht worden, weit mehr als preußische Schnellzüge damals planmäßig verkehrten. In einer zweiten Stufe ab 1903 wurden 12 m lange Schienen mit einem Metergewicht von 41,4 kg (Form 8) in Basalt-Schotterbettung, seitliche Leitschienen an beiden Fahrschienen in einer Länge von 17 km und zwei Weichen mit federnden Herzstücken eingebaut. Der Radstand der Drehgestelle der Drehstrom-Versuchswagen wurde von 3.800 mm auf 5.000 mm vergrößert, da man sich von dieser Maßnahme eine größere Laufstabilität bei den geplanten noch höheren Fahrgeschwindigkeiten versprach.

Für die Stromversorgung baute die AEG in Berlin-Oberspree das erste deutsche Drehstrom-Kraftwerk, das die Versuchsstrecke über eine 10-kV-Freileitung versorgte. Fahrdrahtspannung und Speisefrequenz konnten auch vom Kraftwerk aus eingestellt werden. Ende Oktober 1901 gingen die elektrischen Anlagen in Betrieb.

Der AEG-Wagen erreichte am 28. Oktober 1903 mit 210,2 km/h eine Rekordmarke, die in Deutschland fast drei Jahrzehnte Bestand hatte, ehe der Kruckenberg'sche Flugbahnwagen (der sog. Schienenzeppelin) sie am 20. Juni 1931 mit 230,2 km/h übertraf. Der Siemens-Wagen war am 23. Oktober 1903 mit 206,7 km/h nur wenig langsamer. Die beiden Zossener Versuchswagen waren die ersten Schienenfahrzeuge, die in Deutschland die 200-km/h-Marke überschreiten konnten. Zugleich waren es die ersten Drehstromfahrzeuge, die diese Grenze hinter sich ließen.

Praktische Auswirkungen auf das Alltagsgeschäft hatten die Versuchsfahrten zunächst nicht. Die Höchstgeschwindigkeit preußischer Schnellzug-Lokomotiven lag bei 110 km/h. Die dreiphasige Fahrleitung war in dieser Form nicht betriebstauglich. Als später in Italien in begrenztem Umfang ein Drehstromnetz eingeführt wurde, dienten die Fahrschienen als dritte Phase, so dass nur eine zweipolige Oberleitung notwendig wurde. Auch diese kam aber nicht ohne Fahrdrahtkreuzungen im Weichenbereich aus. Das Drehstromsystem wurde daher später durch das einphasige Gleichstromsystem mit einer Nennspannung von 3.000 V abgelöst.

Der Schienenzeppelin überlebte seine Rekordfahrt nur um wenige Jahre. Seit 1934 im Besitz der Reichsbahn, ordnete das Reichsverkehrsministerium am 21. März 1939 seine Verschrottung an. Auch die Studiengesellschaft war schon im Laufe des Jahres 1905 nach Erfüllung ihrer Aufgaben aufgelöst worden.

Franz Kruckenberg, der seine Herkunft aus dem Luftschiffbau nicht verleugnen

◁ **Bild 2**
Der von Siemens & Halske gebaute Versuchswagen für die Schnellfahrversuche mit dreipoliger Seitenfahrleitung auf der Strecke Marienfelde – Zossen im Jahr 1903.

Aufnahme: Siemens, Slg. EK-Verlag

konnte, hatte mit seinem Flugbahnwagen die Reichsbahn herausgefordert. Insbesondere der Leiter des im Reichsbahn-Zentralamt für Maschinenbau in Berlin neu eingerichteten Dezernats für Triebwagenbau, Max Breuer, fühlte sich angesprochen. Kruckenberg hatte indirekt den Anstoß für Entwicklung und Bau der insgesamt sehr erfolgreichen Dieselschnelltriebwagen der dreißiger Jahre bei der Reichsbahn gegeben, die auch im Ausland Nachfolger fanden.

Für den Bereich der elektrischen Triebfahrzeuge sollte nun ein ähnliches Fahrzeug folgen. Mit einer Höchstgeschwindigkeit von 160 km/h waren die drei 1935 bestellten elT 1900, 1901 und 1902 (die späteren ET 11 01 – ET 11 03) neben den Zossener Versuchswagen von 1903 bis zum Zweiten Weltkrieg die einzigen elektrischen Schnelltriebwagen auf deutschen Schienen. Der Begriff „Schnelltriebwagen" war dabei nicht genau definiert. Das Merkbuch für die Fahrzeuge der Reichsbahn (Ausgabe 1941) enthält zwar alle drei ET 11 und nennt auch ihre Höchstgeschwindigkeit von 160 km/h, erwähnt jedoch weder in der Beschreibung noch in den Fahrzeugskizzen den Begriff des Schnelltriebwagens.

Bild 3 ▷ Der Versuchswagen A der Allgemeinen Elektricitäts-Gesellschaft für Marienfelde – Zossen.

Aufnahme: AEG

2 Elektrisch von Augsburg nach Stuttgart und Nürnberg

Zum Sommerfahrplan am 1. Juni 1933 wurden erstmals in größerem Umfang mit elektrifizierten Strecken die Grenzen des Freistaats Bayern überschritten. Die schon früher hergestellten Verbindungen zwischen Garmisch und Innsbruck im Jahr 1912, Garmisch und Reutte i. Tirol (1913), Kiefersfelden und Kufstein (1927) und Freilassing und Salzburg im Jahr 1928 muss man im wahrsten Sinn des Wortes als Randerscheinungen betrachten. Für Salzburg gilt die Besonderheit, dass der gemeinschaftliche Grenzbahnhof tariflich ein „deutscher" Bahnhof war und ist.

Die Strecke von Augsburg nach Stuttgart wurde mit der Einheitsfahrleitung 1928 mit Stabisolatoren und dem damaligen Standard-Zick-Zack für den Fahrdraht von 500 mm ausgerüstet, die mit 120 km/h befahrbar war. Die Einheitsoberleitung war das Ergebnis der langjährigen Betriebserfahrungen, die in den Teilnetzen in Bayern, Mitteldeutschland und Schlesien mit unterschiedlichen Bauarten gewonnen wurden. Für die Weiterentwicklung der Einheitsbauart wurden schon bald Versuchsfahrten mit bis zu 150 km/h erforderlich, da inzwischen die E 18 bei der AEG im Bau war. Da genaue Messverfahren für die Messung der Kontaktkraft zwischen Schleifleiste und Fahrdraht noch nicht verfügbar waren, lief im Messzug unmittelbar hinter der Lok ein Gepäckwagen, von dessen Fenstern in der Dachkanzel aus der Lauf des Stromabnehmers beobachtet werden konnte.

Schon bald nach der Betriebsaufnahme der Verbindung nach Stuttgart erteilte die Reichsbahn im Blick auf die Hundertjahrfeier der Eisenbahn in Deutschland den Auftrag zur Elektrifizierung der Strecke von Augsburg nach Nürnberg, die bis zum Jubiläumsjahr 1935 abgeschlossen sein sollte. Auf dem ersten Abschnitt bis Donauwörth konnte Ende 1934 der elektrische Versuchsbetrieb aufgenommen werden. Die Gesamtstrecke bis Nürnberg Hbf ging zum Fahrplanwechsel am 15. Mai 1935 in Betrieb. Diese Strecke wurde schon mit der verbesserten Einheitsfahrleitung für maximal 150 km/h ausgerüstet. Zugleich mit der Elektrifizierung nach Stuttgart wurden auch die ersten zwölf Serienlokomotiven der von den Siemens-Schuckertwerken (SSW) entwickelten und gelieferten laufachslosen Drehgestell-Lokomotiven E 44 002 bis E 44 013 für den gemischten Dienst mit 90 km/h Höchstgeschwindigkeit in Betrieb genommen. Die zuvor im Jahr 1927 von Borsig und SSW gebaute Versuchslokomotive E 15 war noch eine in klassischer Nietbauweise gefertigte Drehgestell-Lokomotive, die auf führende Laufradsätze nicht verzichten konnte. Die beiden Laufradsätze waren in Form von Bisselradsätzen an den Drehgestellen der Lokomotive angelenkt. Der bei dieser Lok mit 2.280 kW Dauerleistung erprobte Tatzlagerantrieb konnte sich im Schnellzugdienst aber nicht bewähren. Erst die in weitgehender Schweißbauweise erstellte E 44 war als reine Drehgestell-Lokomotive mit Tatzlagerantrieb und

△ **Bild 4** • Die ersten zwölf Serienlokomotiven der Baureihe E 44 mit dem von Siemens entwickelten Tatzlagerantrieb setzte die Deutsche Reichsbahn 1933 auf der neu elektrifizierten Strecke Augsburg – Stuttgart ein.

Aufnahme: RZA München, Sammlung Heinz Kurz

△ **Bild 5** • Porträtaufnahme der E 44 007 in München Laim Rbf im November 1933. Diese Lokomotive zählte zu jenen E 44, die durch Kriegseinwirkung irreparable Schäden erlitten und vorzeitig ausgemustert werden mussten. AUFNAHME: SSW, SAMMLUNG HORST TROCHE

90 km/h Höchstgeschwindigkeit erfolgreich. Für die Weiterentwicklung der elektrischen Traktion in Deutschland war das ein wichtiger Meilenstein, der auch in Nachbarländer wie die Schweiz ausstrahlte.

Die Deutsche Reichsbahn nutzte die Möglichkeiten der neuen Verbindung in die schwäbische Hauptstadt für Versuchsfahrten mit elektrischen Lokomotiven. Die E 04 09, die erste deutsche Elektro-Lokomotive für eine Höchstgeschwindigkeit von 130 km/h, erreichte mit dem Messwagen der Elektrotechnischen Versuchsanstalt (ElVersa) München und sechs D-Zug-Wagen mit einer Zuglast von 309 t am 28. Juni 1933 zwischen München und Stuttgart eine durchschnittliche Reisegeschwindigkeit von 99 km/h und zwischen München und Augsburg eine Höchstgeschwindigkeit von 151,5 km/h. Nach der Anlieferung der schnelleren E 18 wurden im März 1936 Leistungsmessfahrten mit der in München beheimateten E 18 07 zwischen München und Stuttgart durchgeführt. Mit Messwagen und 16 D-Zug-Wagen wurden etwa 793 t Anhängelast erreicht und eine Reisegeschwindigkeit zwischen München und Stuttgart von 88,7 km/h gefahren. Bei einer weiteren Messfahrt im Jahr 1936 zwischen München und Nürnberg wurde mit der E 18 eine Höchstgeschwindigkeit von 165 km/h erreicht. Auf der Pariser Weltausstellung von 1937 erhielt die E 18 den Grand Prix als damals stärkste Einrahmen-Ellok. Sie war zu diesem Zeitpunkt aber technisch schon fast auf dem Abstellgleis, denn die Zukunft gehörte der Drehgestell-Lokomotive. Die bei den Messfahrten eingesetzten Lokomotiven der Baureihen E 04 und E 18 waren beide mit dem AEG-Kleinow-Federtopfantrieb ausgerüstet.

◁ **Bild 6**
E 18 07 des Bw München Hbf mit einem Messzug im Jahr 1935 auf der Fahrt von Augsburg nach Stuttgart.

AUFNAHME: RZA MÜNCHEN, SAMMLUNG HEINZ KURZ

Bild 7 ▷ Der elT 1900 a/b im Jahr 1936 in Bischofswiesen in Oberbayern.

Aufnahme: Rbd München, Sammlung EK-Verlag

Langfristig hatte die Reichsbahn den Zusammenschluss der drei Teilnetze in Süddeutschland, Mitteldeutschland und Schlesien auf der Tagesordnung. Nach dem Vorbild der ab 1933 erfolgreich eingeführten Dieselschnelltriebwagen plante die Reichsbahn auch für ihre aktuell und künftig elektrisch betriebenen Strecken durch den Einsatz von Schnelltriebwagen die Reisezeiten zu verkürzen. Der Begriff des elektrischen Schnelltriebwagens war dabei nicht einheitlich definiert. Die für den Verkehr zwischen Leipzig und Halle (Saale) beschafften Triebwagen ET 41 mit einer Höchstgeschwindigkeit von 100 km/h wurden in der zeitgenössischen Literatur schon als Schnelltriebwagen bezeichnet. Die Eisenbahn-Bau- und Betriebsordnung (BO) vom 1. Oktober 1928 sah für Reisezüge mit durchgehender Bremse eine Höchstgeschwindigkeit von 100 km/h vor. Die Aufsichtsbehörde – das war nach § 4 der BO die Hauptverwaltung der Deutschen Reichsbahn-Gesellschaft – konnte unter günstigen Bedingungen 120 km/h zulassen. Die zulässigen Geschwindigkeiten in Gefälleabschnitten, z. B. 90 km/h bei 10 ‰, blieben davon unberührt. Erst die Fahrdienstvorschriften von 1938 erlaubten für Reisezüge eine Geschwindigkeit von 135 km/h. Ausnahmen konnte das Reichsverkehrsministerium zulassen.

Um die technischen Risiken vor der Einführung von elektrischen Triebwagen für 160 km/h zu begrenzen, beauftragte die Reichsbahn (damals noch in der Rechtsform als Deutsche Reichsbahn-Gesellschaft – Hauptverwaltung –) die drei großen Elektrofirmen AEG; BBC und SSW Mitte 1933 noch ohne konkretes Einsatzfeld mit der Entwicklung, dem Bau und der Lieferung von je einem Versuchsfahrzeug als Erprobungsträger. Für die wichtigen Komponenten Wagenbaustruktur, Laufwerke, Drehmomentübertragung, Bremse und Stromabnehmer sollten zweckentsprechende Lösungen gefunden werden. Den genannten Firmen waren zu diesem Zweck ebenso wie den beiden Lieferanten des Fahrzeugteils ausreichende Entscheidungsräume zugestanden worden. Das kann man als Geburtsstunde des späteren ET 11 betrachten.

1934 wurde es dann konkreter. In den ersten Januartagen formulierte die Hauptverwaltung in Berlin den Untersuchungsauftrag für die Elektrifizierung von Nürnberg über Halle (Saale) und Leipzig nach Berlin. Dabei waren zur Kürzung der künftigen Reisezeiten abschnittsweise auch Neutrassierungen zugelassen und der Einsatz eines leichten elektrischen Triebwagens für eine Höchstgeschwindigkeit von 160 km/h war zu prüfen.

Bild 8 ▷ Ebenfalls in Bischofswiesen entstand die Aufnahme des elT 1901.

Aufnahme: SSW, Sammlung Wolfgang-D. Richter

3 Die Studie für München – Berlin von 1934

Die Studie „Die Wirtschaftlichkeit des elektrischen Zugbetriebes auf der Strecke München – Berlin“ wurde nach Abschluss der Elektrifizierung Augsburg – Stuttgart im Januar 1934 von der Hauptverwaltung der Deutschen Reichsbahn-Gesellschaft in Berlin in Auftrag gegeben. Die Ergebnisse wurden von einer Arbeitsgemeinschaft vorgelegt, die unter der Leitung des Präsidenten Bergmann der Reichsbahndirektion in Essen stand. Die Ergebnisse der Studie waren in ihrer Gesamtheit und für die Teilabschnitte Nürnberg – Halle (Saale) und Halle (Saale) – Berlin darzustellen; dazu zusätzlich für die Außenstrecken Großheringen – Erfurt und Großkorbetha – Leipzig. Zu untersuchen war ausschließlich die Streckenführung über Nürnberg mit den Varianten über Augsburg bzw. Ingolstadt. Die auch von D-Zügen befahrene Strecke über Regensburg und Hof war nicht einzubeziehen, da das Verkehrsaufkommen zwischen Regensburg und Hof deutlich kleiner war als auf jedem Abschnitt der Strecke über Nürnberg. Die erwarteten Reisezeitkürzungen im Fernverkehr waren durch einen dreiteiligen elektrischen Schnelltriebwagen mit Halten in Nürnberg und Halle (Saale) wie durch im einzelnen zu erläuternde Linienverbesserungen für eine Zielgeschwindigkeit von 150 km/h auf Teilabschnitten zu erreichen. Die Zielgeschwindigkeit von 180 km/h wurde in der Aufgabenstellung ausdrücklich ausgeklammert, da die Aufwendungen für diesen Zielwert als zu hoch eingestuft wurden. Nur wenige Jahre später hatte sich die Haltung der Reichsbahn durch die Entwicklung der E 19 für eben diese Höchstgeschwindigkeit gewandelt.

Zur Verbesserung des Nahverkehrs war vom Einsatz elektrischer Wechselstromtriebwagen für 120 km/h auszugehen, der in der Form des späteren ET 25 bereits existierte. Als ausdrücklicher Untersuchungsgegenstand wurde dagegen die Anhebung des Vorsignalabstandes auf 1.000 m angegeben.

Als Trassierungsgrundsätze galten folgende Vorgaben. Im Gefälle unter 7 ‰ Neigung galt der Bogenradius als bestimmende Größe für die Fahrgeschwindigkeit; für deren Wert galt die Beziehung $v = 4{,}5\sqrt{R}$. Der Bogenradius R war in Metern einzusetzen. Für den Sonderfall der Steilstrecke Rothenkirchen – Probstzella mit 25 ‰ war die Geschwindigkeit mit 70 … 90 km/h anzusetzen. Für Gefällestrecken mit mehr als 7 ‰ Neigung war die nach der Bremstafel für 1.000 m Bremsweg zulässige Geschwindigkeit in Abhängigkeit vom maßgebenden Gefälle zu berücksichtigen.

Nach knapp einem Dreivierteljahr wurden im September 1934 die Ergebnisse der Studie vorgestellt. Als Ergebnis aller untersuchten Maßnahmen ermittelte die Arbeitsgemeinschaft für die Strecke München – Berlin zwischen dem Münchener Hauptbahnhof und dem Anhalter Bahnhof in Berlin eine mögliche Reisezeitkürzung von 61,5 Minuten und schlug die Beschaffung von fünf dreiteiligen Schnelltriebwagen für eine Höchstgeschwindigkeit von 160 km/h vor. Da die Zahlen für die ermittelten Investitionen heute nicht mehr von aktuellem Interesse sind, seien hier nur zwei Werte genannt. Die Gesamtkosten für die Strecke München – Berlin wurden mit 150 Mio. RM angegeben, das entspricht 2,5 Mio. RM je Minute Fahrzeitgewinn.

Von Interesse sind vielleicht noch die vorgeschlagenen Linienverbesserungen für einzelne Streckenabschnitte. Für München – Donauwörth gab es keine Vorschläge, für die Parallelstrecke Obermenzing – Treuchtlingen war die Änderung der Linienführung für maximal 150 km/h im Abschnitt Ingolstadt Nord – Eichstätt vorgesehen. Weitere Ausbauabschnitte für 150 km/h mit nur wenigen örtlichen Ausnahmen wurden für Erlangen – Lichtenfels und Halle (Saale) – Wittenberg vorgeschlagen.

Die Stromversorgung im Südabschnitt war durch die bayerischen Wasserkraftwerke Walchensee und Mittlere Isar sicherzustellen. Eventuelle Ausbaumaßnahmen wären dadurch erleichtert worden, dass die Deutsche Reichsbahn am Aktienkapital der genannten Werke beteiligt war. Im Nordabschnitt war ein neues Braunkohle-Kraftwerk in Weißenfels mit Anschluss an eine neue 100-kV-Bahnstromleitung erforderlich. Im Kraftwerk Muldenstein wäre eine Erweiterung wieder dadurch erleichtert worden, dass es sich um ein bahneigenes Kraftwerk handelte. Für den Anschluss des Abschnitts Großkorbetha – Berlin wäre eine 100-kV-Außenschaltanlage notwendig gewesen.

Die hier besonders interessierenden fahrzeugseitigen Aspekte der Studie werden im Folgenden dargestellt: Der Studie lag in Anlehnung an die dreiteiligen Diesel-Schnelltriebwagen ein ebenfalls dreiteiliger elektrischer Schnelltriebwagen für 160 km/h Höchstgeschwindigkeit zugrunde. Jeder Einzelwagen verfügte über ein zweiachsiges Trieb- und ein ebenfalls zweiachsiges Laufdrehgestell mit einer Antriebsleistung von insgesamt 3 × 450 kW. Die Sitzplatzzahl wird mit 180 angegeben. Im voll besetzten Zustand wird eine Dienstmasse von 136 t bei einer Leermasse von 123 t genannt. Das ist ein durchaus anspruchsvoller Wert. Im Vergleich gilt für den ebenfalls dreiteiligen dieselelektrischen Schnelltriebwagen der Bauart Leipzig für die Dienstmasse ein Wert von 144,6 t. Zwei gekuppelte Einheiten sollten durch die Scharfenberg-Kupplung verbunden und durch Mehrfachsteuerung von einem Führerstand aus gefahren werden. Da die Masse des Triebwagens so gering wie möglich gehalten werden musste, war die Schweißbauweise unumgänglich. Mit nur 3.800 mm leistete die vorgesehene Dachscheitelhöhe ebenfalls einen Beitrag zur Masseneinsparung und Verringerung des Luftwiderstandes. Die Fußbodenhöhe entsprach mit 1.240 mm über Schienenoberkante dem üblichen Standardmaß neuerer Reisezugwagen.

Zur Verringerung des Entwicklungsrisikos hatte die Reichsbahn wie schon erwähnt im Juli 1933 bei den drei Elektrofirmen AEG, BBC und SSW und im Oktober 1933 bei der Maschinenfabrik Esslingen und MAN in Nürnberg jeweils zweiteilige Komponententräger in Auftrag gegeben, die zwischen 1935 und 1937 geliefert wurden und die Nummern elT 1900 a/b (BBC und Esslingen), elT 1901 a/b (MAN und SSW) und elT 1902 a/b (MAN und AEG) erhielten, den späteren ET 11. Die Hauptverwaltung der Deutschen Reichsbahn-Gesellschaft legte im Dezember 1935 fest, dass statt der fünf in der Studie von 1934 vorgeschlagenen Triebwagen nur drei zu Lasten des Beschaffungsprogamms 1935 für die Rbd München zu beschaffen seien; sie sollten die Nummern 1910 a/c/b bis 1912 a/c/b erhalten. Die Bahnabteilung der SSW AG erstellte unter der Nummer B 811 726 auch eine Skizze des dreiteiligen Triebwagens mit der Nummer elT 1912 mit drei Transformatoren und der verbindenden Hochspannungsleitung. Wie bei den elT 1900 bis elT 1902 tauchten die Transformatoren in das Drehgestell ein. Am 19. Juli 1935 bestimmte die Hauptverwaltung, dass nur zwei dreiteilige Triebwagen gebaut werden sollten.

Den Auftrag für zwei (statt der ursprünglich vorgeschlagenen fünf) dreiteilige kommerziell zu nutzende Einsatzfahrzeuge erhielt 1935 im Rahmen des Fahrzeugbeschaffungsprogramms 1935 die Waggonfabrik Uerdingen, für die die Nummern elT 1910 und 1911 a/c/b vorgesehen waren. Der Auftrag für die elektrische Ausrüstung einschließlich der vorgesehenen Hohlwellenantriebe ging an AEG und BBC, wobei AEG den Federtopfantrieb, BBC den Buchli-Antrieb liefern sollte. Im Nummernplan von 1939 (genehmigt am 1. Dezember durch das Reichsverkehrsministerium) hätten sie die Bauartbezeichnung ET 06 mit der Betriebsgattung CPwPost4yk + BC4ü + BC4ü erhalten. Die Hauptabmessungen des angefangenen, aber nicht abgeschlossenen Projekts sind in Anlage 4 zusammengefasst.

Die dreiteiligen Triebwagen waren mit Mehrfachsteuerung auszurüsten, um zwei Einheiten gekuppelt von einem Führerstand aus fahren zu können. Die Raumgestaltung sollte sich an den Diesel-Schnelltriebwagen der Bauart Leipzig anlehnen.

Diese Uerdinger Wagen für 160 km/h hätten 172 Sitzplätze in der 2. und 3. Klasse angeboten. Für die 2. Klasse war eine größere Abteiltiefe von 2.300 mm vorgesehen. Dies wurde für notwendig gehalten, um den Unterschied zwischen 2. und 3.Klasse weiter zu betonen, zumal auch in der 3. Klasse gepolsterte Sitze geplant waren. Der Klassenunterschied wurde auch durch 1.000 mm breite Fenster in der 3.Klasse und 1.400 mm breite Fenster in der 2. Klasse ausgedrückt. Da die Triebwagen Magnetschienenbremse erhalten sollten, musste der Radstand des Triebdrehgestells auf 3.300 mm erhöht werden, während die Laufdrehgestelle bei 3.200 mm blieben. Vorgesehen war der Einsatz der beiden Triebwagen jetzt für den Eilzugverkehr mit 120 km/h auf der Strecke Leipzig – Magdeburg.

Am 11. Oktober 1939 regte das RZA München an, die beiden Wechselstrom-Triebwagen 1910 und 1911 nicht weiter zu bauen und stattdessen zwei vier- oder fünfteilige Versuchsschnelltriebwagen für 160 km/h für den Verkehr Berlin – München – Brenner und Stuttgart – München – Wien zu entwickeln.

Da Uerdingen mit Aufträgen für die Deutsche Reichsbahn voll ausgelastet war, verzögerten sich die Arbeiten, während die elektrischen Komponenten bei AEG und BBC planmäßig gefertigt wurden. Bei Kriegsausbruch 1939 wurden die Arbeiten am ET 06 in Uerdingen storniert. Kurzzeitig wurde erwogen, die schon fertiggestellten Teile der elektrischen Ausrüstung für den Bau zweier ET 31 zu verwenden. Im Oktober entschied das Reichsverkehrsministerium jedoch entsprechend dem genannten Vorschlag des RZA München, auch den Bau der beiden Wechselstrom-Triebwagen für 120 km/h einzustellen. Die schon verfügbaren elektrischen Komponenten wurden in den Ausbesserungswerken der Reichsbahn für die Instandhaltung der Wechselstrom-Einheitstriebwagen ET 25 und ET 31 verwendet.

Nach 1935 begannen die Elektrifizierungsarbeiten nördlich von Nürnberg. Im Mai 1939 wurde Saalfeld erreicht; bis November 1942 konnte die Strecke bis Leipzig an das Netz angeschlossen werden. Die Arbeiten in Richtung Halle (Saale) von Großkorbetha aus konnten kriegsbedingt nicht mehr vollendet werden; bereits fertiggestellte Abschnitte zwischen Großkorbetha und Merseburg wurden 1946 auf Anordnung der sowjetischen Besatzungsmacht abgebaut und zusammen mit den übrigen elektrotechnischen Ausrüstungen der mitteldeutschen (und schlesischen) Strecken als Reparationsgut in die Sowjetunion gebracht.

Das Jahr 1938 brachte für den elektrischen Zugbetrieb durch Änderung der Oberleitungsgeometrie eine einschneidende Veränderung. Nach dem Anschluss Österreichs im März 1938 waren viele elektrifizierte Strecken mit eingeschränktem Lichtraumprofil (z. B. durch Tunnelstrecken im Zuge der Arlbergbahn oder der Tauernbahn) hinzugekommen. Um den freizügigen Einsatz elektrischer Triebfahrzeuge im erweiterten Netz der Deutschen Reichsbahn zu gewährleisten, wurde der Fahrdraht-Zick-Zack von bisher 500 mm auf 400 mm zurückgenommen und die Wippenbreite von 2.100 mm auf 1.950 mm verkleinert (sog. Reichswippe). Im preußischen Teil des Leipziger Hauptbahnhofs waren 1942 nur einige Gleise für die neue Geometrie der Oberleitung eingerichtet worden. Nur Fahrzeuge mit Reichswippe konnten diese Gleise aus Richtung Saalfeld befahren. Das übrige mitteldeutsche Netz war weiter durch einen Fahrdraht-Zick-Zack von 500 mm gekennzeichnet.

Die Weiterentwicklung des elektrischen Zugbetriebes war aber nicht stehengeblieben. Für die E 19 11 entwickelte Siemens die Reichswippe mit Doppelkohleschleifstück und gefederter Geradführung. Man kann das als Vorstufe der Nachkriegsentwicklung des Einheitsstromabnehmers DBS 54 betrachten, den 1958 auch alle drei ET 11 für den Einsatz als Fernschnelltriebwagen „Münchner Kindl" erhielten.

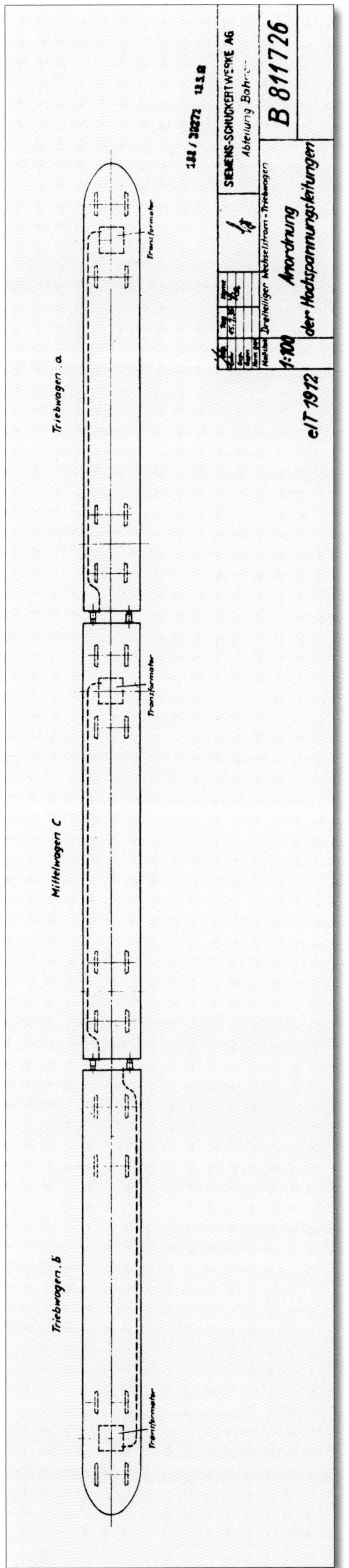

▷ **Bild 9** • Der Entwurf für den dreiteiligen elT 1912 von SSW mit drei Transformatoren zeigt die Anordnung der Hochspannungsleitungen.

Abbildung: SSW, Sammlung Heinz Kurz

4 Lieferbedingungen für Wechselstrom-Schnelltriebwagen

Für Entwicklung und Bau der Schnelltriebwagen räumte die Deutsche Reichsbahn der Industrie erhebliche Gestaltungsspielräume ein, forderte jedoch bei sicherheitsrelevanten Bauteilen wie z. B. der Bremse die Zeichnungen zur Genehmigung dem Reichsbahn-Zentralamt (RZA) in München vorzulegen. So war es am Ende so, dass z. B. beim elT 1900 wie beim 1902 der Katalog der „Technischen Bedingungen" des RZA München vom November 1935 47 Seiten ohne die acht Anlagen umfasste. An dieser Stelle sollen nur die wichtigsten Vorgaben genannt werden. Weitere werden an geeigneter Stelle im Zusammenhang mit den beschriebenen Komponenten dargestellt.

Für jeden der drei Triebwagen gab es eine eigene Ausgabe der Lieferbedingungen, die insbesondere die Unterschiede im Antrieb, bei den Radsatzlagern und Raddurchmessern und im Heizungssystem herausstellten.

4.1 Allgemeine Anforderungen

Die Höchstgeschwindigkeit war mit 160 km/h vorgegeben; dabei musste eine Restbeschleunigung von 0,05 m/s² gewährleistet sein (beim leistungsstärkeren BBC-Motor ein Wert von 0,12 m/s²). Die Deutsche Reichsbahn-Gesellschaft war sich bewusst, dass dem Gewichtsproblem beim neuen Schnelltriebwagen große Bedeutung zukam. In den Technischen Bedingungen wurden daher die drei Triebwagen als *Wechselstrom-Triebwagen leichter Bauart* bezeichnet. Am Beginn der Lieferbedingungen hieß es daher, dass spätestens ein Monat nach Auftragserteilung eine Achsdruckberechnung (so der damalige Ausdruck) vorzulegen ist, die mit fortschreitender Entwicklung zu aktualisieren und bei Ablieferung der Fahrzeuge durch eine endgültige Berechnung mit gewogenen Gewichten zu ersetzen ist. In diesem Zusammenhang steht die Vorgabe, dass für den Doppelwagen der wagenbauliche Teil nicht mehr als 2 × 26 t wiegen darf und dass im Gepäckraum eine Zuladung von 1.500 kg und für jeden Fahrgast ein Gewicht von 75 kg anzusetzen ist. Stehplätze werden mit einem Zuschlag von 50 % zum Fahrgastgewicht berücksichtigt. Das Gewichtslimit wurde im Berichtigungsblatt I später auf 2 × 36 t geändert. Um die Gewichtsgrenzen einhalten zu können, schrieb die Hauptverwaltung *„die weitgehende Anwendung des Schweißens"* vor.

Außerdem legten die Lieferbedingungen fest, dass kein tragendes Teil für Untergestell oder Wagenkasten aus Leichtmetall bestehen darf. Nur für die Beschlagteile war Leichtmetall zumeist als Hydronalium zugelassen. Die Lieferbedingungen enthielten – fast schon als Nebensatz – auch eine Bestimmung über die Laufeigenschaften: *„Mängel in den Laufeigenschaften muß der Lieferer auf seine Kosten durch Erprobung geeigneter Gegenmittel und deren Anordnung in allen Triebwagen dieses Auftrages beseitigen."* Da sich die Laufeigenschaften in der Tat als unbefriedigend erwiesen, hätte die Industrie ein großes Aufgabenpaket vor sich gehabt, wenn der Krieg nicht dazwischen gekommen wäre, der bald ganz andere Aufgaben stellte.

△ **Bild 10** • elT 1900 a/b vor dem Schuppen im Bw München Hbf. Aufnahme: Sammlung EK-Verlag

Als wesentliche Grundlage für den Bau galten die BO vom 1. Oktober 1928 in der Fassung vom 12. Mai 1933 und die Lieferbedingungen von 1931 für elektrische Lokomotiven und Triebwagen, soweit sie nicht durch die Technischen Lieferbedingungen für diese Schnelltriebwagen abgeändert waren.

Alle elektrischen Leitungen und Apparate, die auf Holzunterlagen befestigt waren, mussten als Brandschutz eine 2 mm dicke Asbestpappeabdeckung und ein 0,5 mm dickes Schutzblech aus Eisen erhalten. Die Zahnradschutzkästen waren aus Blech zu schweißen; die Schrauben mussten gesichert sein. Die Blechausführung wurde im Berichtigungsblatt I vom 10. November 1936 in eine Gussausführung geändert. Als Rechengröße für den Wirkungsgrad der Zahnradübersetzung wurden 96 % vorgegeben. Die Heizeinrichtungen der beiden Teilfahrzeuge sind voneinander unabhängig, Heizkupplungen zwischen den beiden Wagen sind daher nicht gefordert. Die Heizleistung ist so zu bemessen, dass bei einer Außentemperatur von -25 °C und der Höchstgeschwindigkeit von 160 km/h eine Raumtemperatur von +22 °C eingehalten werden kann. Als Anschlusswert für die Heizung wurden in den Lieferbedingungen für den elT 1900 90 kVA, für die beiden übrigen Wagen 60 kVA genannt. Als ausgeführter Wert steht im Merkbuch (DV 939c, Ausgabe 1941) für jeden Transformator einheitlich 90 kW.

4.2 Wagenbaulicher Teil

Der gekuppelte Doppelwagen war für einen kleinsten Bogenhalbmesser von 165 m auszulegen. Er sollte vier Drehgestelle in geschweißter Görlitzer Bauart III leicht erhalten. Soweit Schmiergefäße notwendig werden, sind sie außen am Rahmen anzuordnen und gelb zu streichen. Für die Freigängigkeitsuntersuchung des Transformators gegenüber dem Drehgestell ist abweichend von der generellen Festlegung des befahrbaren Mindesthalbmessers unter Einschluss eines Sicherheitszuschlages ein Bogenhalbmesser von 150 m zu berücksichtigen, für die Einschränkungsberechnung des Wagenkasten (max. zulässige Fahrzeugbreite) ein Halbmesser von 250 m.

Zwei Wagen – elT 1900 und elT 1901 – waren mit fettgeschmierten Rollenlagern, der elT 1902 mit ölgeschmierten Isothermos-Gleitlagern zu liefern. Einzelheiten sind im Abschnitt Drehgestelle und Bremsen erläutert. Abweichend von den sonst eher unbestimmteren Vorgaben waren die Bestimmungen zu den Raddurchmessern explizit präzise. Für den Tatzlagerantrieb galt ein Treibraddurchmesser von 950 mm, für die Hohlwellenantriebe ein Treibraddurchmesser von 1.100 mm. Weitere Einzelheiten, auch zu den Laufraddurchmessern, können der Baubeschreibung entnommen werden.

Die Lieferbedingungen sahen Knorr-Druckluft-Scheibenwischer vor, die jedoch bis 1938 durch elektrische Scheibenwischer von Bosch ersetzt wurden. Aus Gewichtsgründen schrieb die Deutsche Reichsbahn in den Lieferbedingungen Leichtmetall-Schiebetüren für die Einstiege vor.

4.3 Bremsanlage, Rohrleitungen, Absperreinrichtungen

Die Lieferbedingungen enthalten ausführliche Vorgaben für Rohrleitungen, Absperreinrichtungen, Rohrleitungsbefestigungen, Rohrabmessungen, Bremsgestänge mit Hand- und Notbremse und Luftbehälter, die insbesondere für das Bremssystem gelten. Diese Vorgaben, die in den Lieferbedingungen zehn Seiten umfassten, spiegeln die Erfahrungen der Deutschen Reichsbahn in sicherheitsrelevanten Systemen wider. Hier gab es so gut wie keinen Spielraum für die Industrie. Freiräume gab es hingegen bei der Auswahl der Komponenten:

- Trommelbremse, Magnetschienenbremse, Druckölhandbremse, Hikp-Druckluftbremse für elT 1900 und elT 1901,
- Klotzbremse, Magnetschienenbremse, Spindelhandbremse, Hikss-Druckluftbremse mit Fliehkraftregler für elT 1902.

Die Magnetschienenbremse wurde nur als Schnellbremse bei Bedienung des Führerbremsventils wirksam. Sie diente nicht zur Regulierung der Betriebsgeschwindigkeit.

△ **Bild 11** • elT 1900 a im Bw München Hbf; die Gewährleistungsanschrift zeigt die zweijährige Haftpflicht für den Anstrich und die Verwendung von Elegantine-Lacken von Frenkel. Aufnahme: Sammlung EK-Verlag

4.4 Elektrische Ausrüstung

Sowohl die beiden Öltransformatoren wie die vier Fahrmotoren sind mit Eigenlüftung auszuführen (Fahrtwindkühlung). Die Niederspannungswicklung war am Untergestell zu erden. Erst nach dem Zweiten Weltkrieg wurden die Fahrmotoren auf Fremdlüftung umgebaut. Die Lieferbedingungen schrieben eine maximale Abnutzung der Kohlebürsten von 0,3 mm je 1.000 Triebwagen-Kilometer vor.

Die Lieferbedingungen sprachen nur sehr allgemein von einer zwölfstufigen selbsttätigen Steuermaschine. Die von den Firmen gewählten Lösungen für ein Nockenschaltwerk mit automatischer stromabhängiger Fortschaltung sind im Abschnitt über die elektrische Ausrüstung der drei Triebwagen näher erläutert. In der Reihenfolge der Betriebsnummern waren von BBC der elT 1900 mit Buchli-Antrieb, von SSW der elT 1901 mit Tatzlagerantrieb und von AEG der elT 1902 mit Kleinow-Federtopfantrieb zu liefern.

Für elektrische Leitungen auf Holzbohlen galten die schon erwähnten Feuerschutzbestimmungen. Hölzerne Laufbretter auf dem Wagendach waren ausdrücklich nicht zugelassen, um die Aerodynamik nicht zu beeinträchtigen.

Abweichend von den generell geltenden Gewährleistungsbedingungen betrug die Gewährleistung für die Ritzel und Großräder des Antriebs zwei Jahre ab dem Zeitpunkt der Lieferung.

4.5 Prüf- und Abnahmevorschriften

Neben den technischen Spezifikationen umfassten die Lieferbedingungen auch Prüfvorschriften für Komponenten wie Transformatoren und Fahrmotoren und Bestimmungen für Abnahmefahrten.

Das schon genannte Berichtigungsblatt änderte später die Vorgaben für die Doppelluftsauger der Bauart Wendler in Flettner-Luftsauger und mit Rücksicht auf die Magnetschienenbremse die Bleibatterie der Type VI GO 50 mit einer Kapazität von 180 Ah in die NiFe-Batterie St N 4111 mit 195 Ah (beim späteren Bau mit 190 Ah ausgeführt). Die Druckluft-Scheibenwischer von Knorr wurden durch die Festlegung auf elektrische Scheibenwischer von Bosch ersetzt, die – wie erwähnt – beim elT 1902 erst im Juni 1938 eingebaut wurden.

5 Bestellung und Lieferung

Der elT 1900 (der spätere ET 11 01) wurde vom RZA München für den elektrischen Teil am 22. Juli 1933 bestellt, der mechanische Teil folgte erst am 17. Oktober 1933. Er war im noch nicht ganz fertigen Zustand im Juni 1935 geliefert worden und wurde zunächst vom 14. Juli bis 13. Oktober Ausstellungsobjekt bei der Fahrzeugschau in Nürnberg im Jahr 1935. Nach der Abnahme wurde er am 1. Dezember 1935 an die Deutsche Reichsbahn übergeben und konnte so an der Jubiläumsparade in Nürnberg am 8. Dezember 1935 teilnehmen. Am 9. Dezember wurde er bei der Deutschen Reichsbahn angeliefert. Als Beschaffungspreis werden insgesamt 504.133 RM genannt, davon 323.972 RM für den Fahrzeugteil. Die einjährige Gewährleistungsfrist im Anschluss an die Abnahme endete am 19. August 1937.

Die beteiligten Firmen AEG, BBC und Siemens ebenso wie die Lieferfirmen des Fahrzeugteils Maschinenfabrik Esslingen und MAN in Nürnberg und Kugelfischer in Schweinfurt nutzten die Lieferung des Schnelltriebwagens für eine breit angelegte Werbekampagne in den Fachzeitschriften.

Die Vorstellung des ersten elT 1900 mit einer Höchstgeschwindigkeit von 160 km/h war 1935 mit großen Erwartungen verknüpft. Nicht ohne Grund wurde er auf der Nürnberger Fahrzeugausstellung und bei der Fahrzeugparade im Dezember 1935 als herausragendes Erzeugnis der deutschen Schienenfahrzeugindustrie präsentiert. Betrachtet man die weitere Entwicklung, konnte er diese hochgesteckten Erwartungen nicht erfüllen, wobei die Zäsur des Zweiten Weltkrieges zweifellos ihren Anteil hatte. Als wieder annähernd normale Verhältnisse eingetreten waren, war die Technik des Zuges schon weitgehend überholt. Der Zug blieb Erprobungsträger, den Sprung in eine Serie hat er nie geschafft. Wo er später dennoch eingesetzt wurde, waren es zeitlich begrenzte Überbrückungseinsätze, um nicht von Notfalleinsätzen zu sprechen, um überhaupt eine Verwendung für das Fahrzeug zu finden. Als in den achtziger Jahren der Gedanke des Hochgeschwindigkeitsverkehrs in Deutschland wieder aufgegriffen wurde, standen mit Triebkopfzügen und später Triebwagenzügen mit wesentlich höherer Sitzkapazität andere Konzepte im Blickpunkt.

Der elT 1900 wurde als erster Triebwagen ab Juni 1937 auch fahrplanmäßig eingesetzt. Der zweite Wagen wurde am 2. Juli 1936 geliefert und am 25. Juli 1936 abgenommen und ebenfalls München Hbf zugeteilt. Als letzter der drei Wagen wurde elT 1902 am 28. Juni 1937 in München angeliefert. Bei insgesamt neun Versuchsfahrten wurde bei diesem Wagen ein sehr schlechter Wagenlauf festgestellt und der Wagen am 21. Juli 1937 zur Nacharbeit an MAN in Nürnberg zurückgegeben. Die Mängelliste umfasste 33 Positionen im mechanischen und elektrischen Teil. Nach dem Abschluss der Nacharbeiten kehrte der Triebwagen erst am 23. September zurück und absolvierte weitere Fahrten beim Versuchsamt Grunewald. Wegen erheblicher Raddruckunterschiede gab es zunächst keine Freigabe. Nach einer weiteren Probefahrt nach Augsburg am 24. November wurde der Wagen am 19. Dezember 1937 mit einer Betriebszulassung für 120 km/h in Dienst gestellt. Fotos zeigen ihn mit diesem Abnahmedatum. Da am selben Tag ein Lagerschaden am Laufradsatz 4 auftrat, konnte er erst nach dessen Reparatur am 15. Februar 1938 in Betrieb genommen werden. Ob nach der Neuinbetriebnahme nochmals eine amtliche Abnahme erfolgte – hierfür wird das Datum 17. Mai 1938 genannt –, ist verlässlich nicht bestätigt.

Im Juni 1938 befand sich der Wagen erneut beim Hersteller MAN in Nürnberg, wo die Wiegenfederung geändert und Bosch-Scheibenwischer eingebaut wurden. Der Wagenlauf blieb jedoch weiter unbefriedigend und die Luftheizung erlitt einen größeren Schaden, so dass der Triebwagen vom 5. Juli 1939 bis 23. November 1939 abgestellt blieb.

Nach den Aufzeichnungen soll sich der Triebwagen ab 23. Juli 1943 im schlesischen RAW Lauban aufgehalten haben. Das RAW Lauban (an der Strecke zwischen Hirschberg und Görlitz bzw. Kohlfurt gelegen) war für die Instandhaltung der elektrischen Triebfahrzeuge der RBD Breslau zuständig. Eine Begründung für den Aufenthalt ist nicht überliefert, ebenso wenig das Datum der Rückkehr nach Bayern.

◁ **Bild 12**
Der MAN-Wagen elT 1901 im Jahr 1936 im Nürnberger Rangierbahnhof.

Aufnahme: MAN-Archiv, DB Museum

6 Baubeschreibung der elT 1900, 1901 und 1902

6.1 Wagenbaulicher Teil

Angesichts der Vorstellungen der Deutschen Reichsbahn über eine für die Reisenden komfortable Innenausstattung der geplanten Triebwagen war man sich über den Zwang zum Leichtbau insbesondere bei Wagenkasten und Drehgestellen im Klaren. Man konnte dabei von den Erfahrungen mit den Einheits-Wechselstromtriebwagen (später ET 25) und den zweiteiligen Diesel-Schnelltriebwagen (später VT 04) Nutzen ziehen.

Die aus den Triebwagen a und b bestehenden zweiteiligen Fahrzeuge waren kurz gekuppelt und die Fahrgasträume nach dem Großraumprinzip mit Sitzplätzen ausschließlich der zweiten Klasse aufgebaut. Damit konnte auf die Abteiltrennwände verzichtet und ein Beitrag zur notwendigen Massereduzierung geleistet werden. Eine Übersicht der wichtigsten Hauptdaten enthält Anlage 1.

Als Entwicklerfirma war die Maschinenfabrik Esslingen verantwortlich. Sie erhielt später auch den Auftrag für die Neukonstruktion der Drehgestelle, nachdem sich schon bald nach Lieferung die unbefriedigenden Laufeigenschaften des ET 11 herausgestellt hatten.

Für die Wagen liegen folgende Übersichtszeichnungen vor:

- Zeichnung 552 i der Maschinenfabrik Esslingen, Skizzenblatt B4üelT+BPw4üKelT-35,
- Zeichnung BBC (ohne Nummer), Geräteanordnung für elT 1900,
- Zeichnung Tw 21470 der MAN Nürnberg, Geräteanordnung für elT 1901 (SSW),
- Zeichnung Tw 21471 der MAN Nürnberg, Geräteanordnung für elT 1902 (AEG).

Nach der Beschriftung galt die Zeichnung 552i für elT 1900 und elT 1901. Das Blatt mit identischen Maßen wurde später auch für ET 11.01 und ET 11.02 a/b übernommen (im Schriftverkehr wurde zwischen Stamm- und Ordnungsnummer etwa bis 1960 der Punkt verwendet; in diesem Buch wird auf den Punkt verzichtet). Für die drei Triebwagen werden die folgenden Fabriknummern genannt:

- 1900 a/b Maschinenfabrik Esslingen, 18 926/927, BBC 3910
- 1901 a/b MAN, 127 452
- 1902 a/b MAN, 127 453

Bei der Deutschen Reichsbahn wurden die Fahrzeuge (sowohl Triebfahrzeuge als auch Wagen) im Rahmen von Beschaffungsprogrammen bestellt, die den Haushaltsjahren zugeordnet waren. Die drei elektrischen Schnelltriebwagen gehörten zum Beschaffungsprogramm 1934.

Die durchaus komfortable Inneneinrichtung der drei Triebwagen stellte beide Waggonfirmen vor bisher in dieser Form nicht gekannte Herausforderungen, um beim Mechanteil der Wagen Masse einzusparen. Beide Firmen entwickelten für die Fertigung des Untergestells eine drehbare Schweißvorrichtung, die seinerzeit als Schweißtisch bezeichnet wurde, so dass die Schweißnähte des Untergestells in der schweißtechnisch günstigen horizontalen Lage entstehen konnten. Die Maschinenfabrik Esslingen hatte schon für die Fertigung des Einheits-Wechselstromtriebwagens ET 25 eine drehbare Schweißvorrichtung für die Fertigung des Untergestells entwickelt.

Die in der zeitgenössischen Literatur ausdrücklich als Leichtbau-Triebwagen bezeichneten Doppelwagen erhielten für Wagenkasten und Untergestell eine geschweißte Blechkonstruktion, bei der nahezu völlig auf schwere Walzprofile verzichtet wurde und der Schwerpunkt auf die Verwendung dünner Abkant- oder Pressprofile und durch Schweißung verbundener zusammengesetzter Profile gelegt wurde. Als Schweißverfahren wurde die (elektrische) Lichtbogenschweißung angewendet.

Die Frontbleche der Triebwagen waren unterhalb der Brüstungsleiste in einer Ebene elliptisch gekrümmt, oberhalb der Brüstungsleiste in leichter Schräge zurück gesetzt. Ihre Form war nach [5] und [10] bei der Maybach-Motorenbau GmbH in Friedrichshafen, die ihre engen geschäftlichen Verbindungen zur Luftschiffbau Zeppelin GmbH nutzte, in Zusammenarbeit mit der Werft Friedrichshafen des genannten Luftschiffbaus Zeppelin im Windkanal wie bei den Diesel-Schnelltriebwagen optimiert

Bild 13 ▷ elT 1900 in Hallthurm mit bayerischem Ausfahrsignal. Im Hintergrund beginnt die Gefällestrecke nach Bad Reichenhall-Kirchberg. Diese weist eine Neigung von 40,8 ‰ auf.

Aufnahme: Sammlung Dr. Günther Scheingraber/EK-Verlag

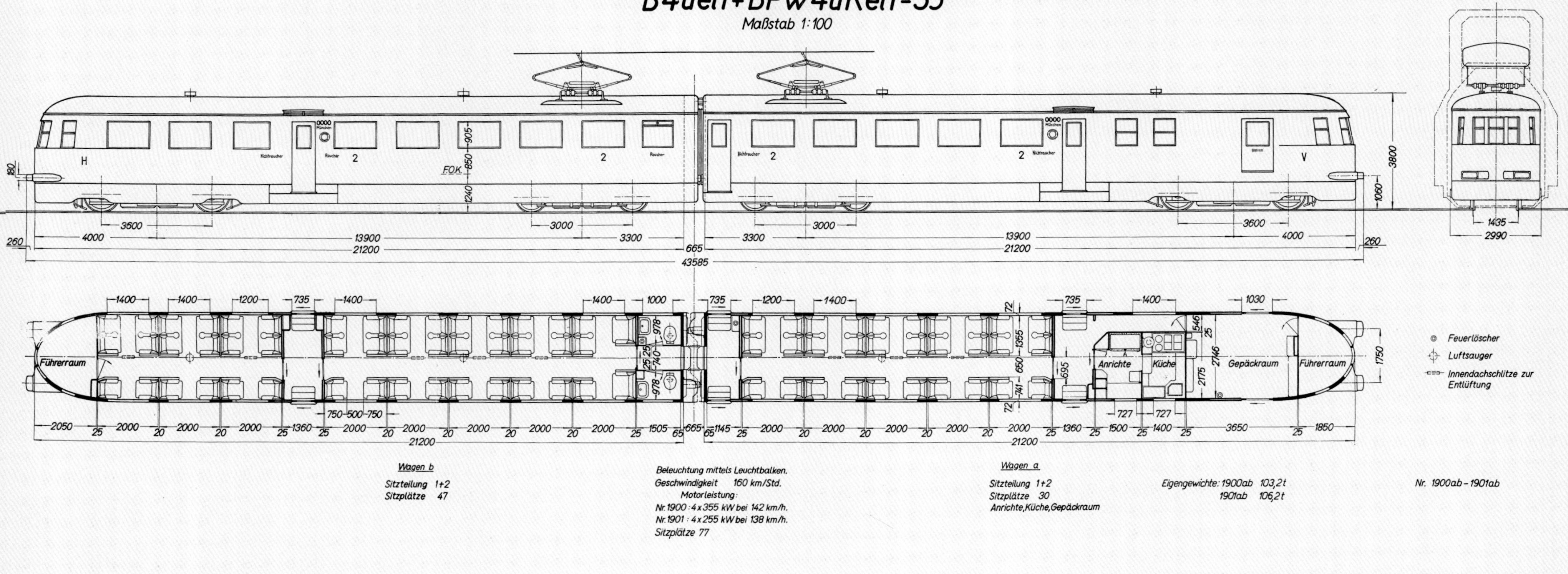

△ **Bild 14** • Skizze des B4üelT+BPw4üKelT-35 mit den Betriebsnummern 1900 a/b und 1901 a/b.

Abbildung: Esslingen, Sammlung EK-Verlag

▽ **Bild 15** • Skizze des B4üelT+BPw4üKelT-34a mit der Betriebsnummer 1902 a/b.

Abbildung: MAN, Sammlung EK-Verlag

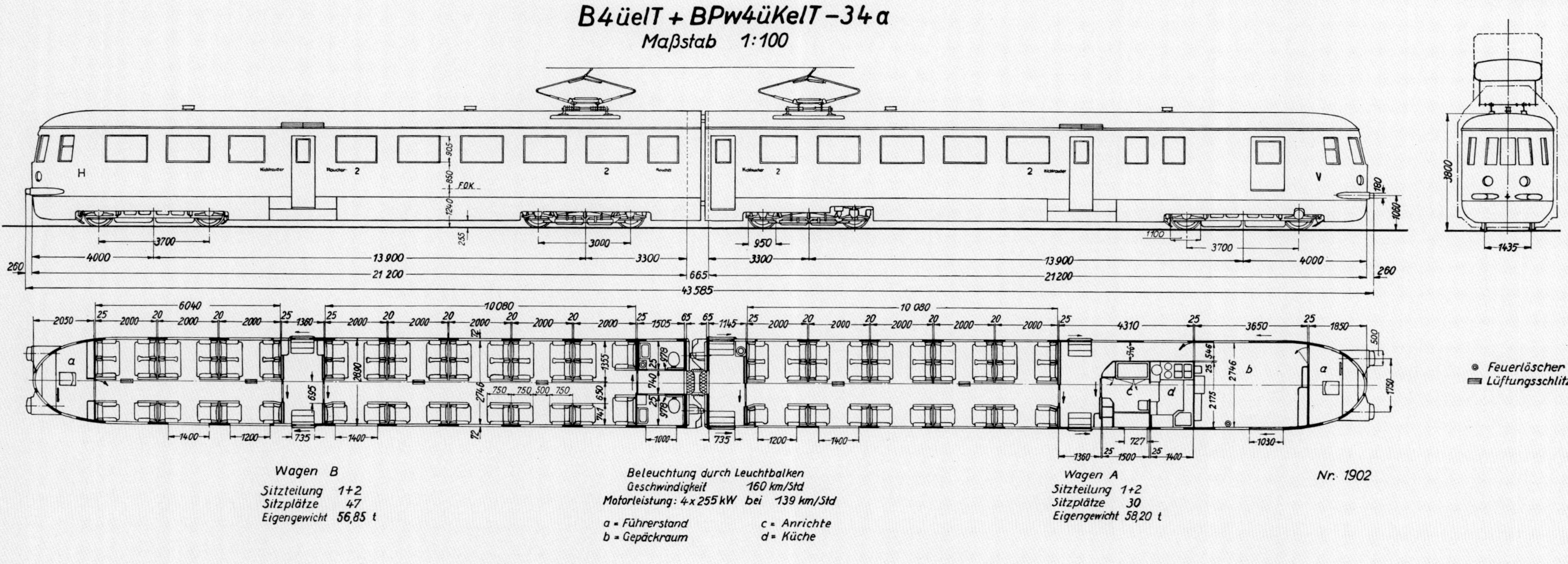

worden. Daher konnte es auch nicht verwundern, dass die Kopfformen von Dieselschnelltriebwagen der Serienlieferungen und den elektrischen Verwandten ähnlich aussahen. Die Untersuchungen für den ET 11 wurden nach [10] mit einem Holzmodell im verkleinerten Maßstab durchgeführt, das über auswechselbare Teile verfügte, so dass z. B. auch unterschiedliche Kopfformen untersucht werden konnten. Der Querschnitt des Modells war wesentlich kleiner als der Querschnitt des Windkanals, so dass in der Umgebung des Modells nur die achsparallele Luftgeschwindigkeit simuliert werden konnte. Die Widerstandserhöhung durch Seitenwind war gemäß den Lieferbedingungen durch einen Zuschlag von 12 km/h zur Fahrgeschwindigkeit zu berücksichtigen. Nach [12] wurden insbesondere untersucht der Einfluss der Schürzen und die Wirkung der Bodenwanne. Spätere Reichsbahn-Unterlagen bestätigen die Vorteile einer geschlossenen Unterflurbodenwanne und den nur geringen Einfluss der Lücke auf den Widerstandsbeiwert cw zwischen den Teilfahrzeugen a und b des zweiteiligen Zuges.

Neben dem Friedrichshafener Windkanal wurden aerodynamische Untersuchungen an Eisenbahnfahrzeugen und -komponenten auch im Windkanal der Aerodynamischen Versuchsanstalt in Göttingen durchgeführt, der dem Kaiser-Wilhelm-Institut für Strömungsforschung unter der Leitung von Prof. Prandtl angegliedert war. Hier wurden im Jahr 1932 zum Beispiel die Untersuchungen von Dachlüftern wie Torpedo- oder Wendlerlüftern durchgeführt. Zur Versuchsreihe gehörten auch statische (d. h. feststehende) Flettnerlüfter, die in modifizierter Form auch beim Wechselstrom-Schnelltriebwagen eingesetzt wurden.

Die Bugspitze der drei Schnelltriebwagen war mit einem Radius von 840 mm ausgeführt, sie ging im Übergang zur Seitenwand in einen Radius von 6.500 mm über. Die drei bis zur Dachkante reichenden rechteckigen Frontfenster waren aus ebenen Glasscheiben gebildet worden, da man gekrümmte Scheiben mit diesen Stabilitätsanforderungen erst nach dem Krieg herstellen konnte.

Die beiden Stirnwände der Wagen am Kurzkuppelende bildeten in der Draufsicht keine gerade Linie, sondern waren versetzt, weil der Übergangsbereich durch die Hochspannungskammern eingeengt war. Die Teilfahrzeuge a und b waren durch eine Schraubenkupplung verbunden. Die Druckkräfte wurden durch unsymmetrisch angeordnete aufgeschraubte Hülsenpuffer mit 120 mm Hub und Kegelfedern (rechts) und aufgenietete 18 mm dicke Stoßplatten als Gegenstück (links) übertragen, so dass der Wagenabstand nur 665 mm betrug. In dem schon genannten Berichtigungsblatt wurden bei unverändertem Hub von 120 mm die Kräfte in den Kegelfedern von 8 t auf 16 t erhöht. Um die Bewegungen der beiden Wagenkästen gegeneinander zu dämpfen, war ähnlich wie beim ET 25 über dem Faltenbalg eine Dämpfungseinrichtung vorhanden, die sich gegen eine Blattfeder mit 2 t Vorspannung abstützte.

Da die Triebwagen als Einzelfahrzeuge ohne Bei- oder Steuerwagen verkehren sollten, gab es an den Fahrzeugenden keine Regel-Zug- und Stoßeinrichtung. Vorhanden war nur ein gefederter Zughaken für den Abschleppfall, der nach damaligem Sprachgebrauch eine Endkraft von 8 t aufwies, und leichte 540 mm lange verkleidete Stangenpuffer mit einer Pufferendkraft von 8 t. Vergleichsweise hatten Regelpuffer damals eine Endkraft von 32 t. Erst nach dem Krieg wurde die Endkraft der Federn für Puffer und Zughaken auf 16 t geändert. Beide Pufferteller dieser Sonderbauart waren in der senkrechten Ansicht eben ausgeführt. Die Zughaken zum Abschleppen zeigten sich bald als zu schwach. Schon 1936 gab es die ersten Beanstandungen, als Zughaken schon bei Rangierfahrten abbrachen. Beim ET 11 03 musste im April 1943 in der Betriebsabteilung München Hbf der Zughaken ausgewechselt werden. Dabei wurden dann auch Schäden am Knorr-Luftverdichter und Stromabnehmern beseitigt.

Zur Verringerung des aerodynamischen Widerstandes erhielten alle Triebwagen beidseitig eine Untergestellschürze, die unter dem Wagenboden anfänglich nur beim elT 1900 zwischen den Drehgestellen durch eine geschlossene Bodenwanne verbunden war, die bis auf 255 mm über SO herabreichte. Später wurde diese Bodenwanne auch bei 1901 und 1902 nachgerüstet, da die Untersuchungen im Windkanal gezeigt hatten, dass dadurch eine weitere spürbare Verringerung des aerodynamischen Widerstandes erreichbar war. Wegen der unterschiedlichen Bauart der Drehgestelle und der Radsatzlager konnte die Seitenwandschürze im Drehgestellbereich nicht für alle Fahrzeuge gleich ausgeführt werden. Die Handhabung insbesondere der Drehgestellschürzen muss im Betrieb zumindest als „lästig" empfunden worden sein. Anders sind die zahlreichen Fotos mit abgebauten Drehgestellschürzen bei Versuchsfahrten nicht zu erklären.

6.1.1 Anstrich und Anschriften

Es gibt über den ursprünglichen Anstrich in den zeitgenössischen Beschreibungen keine Angaben. Auch in den Lieferbedingungen gibt es keine konkreten Vorgaben, sondern lediglich den Hinweis, dass für Anstrich und Beschriftung besondere Vorschriften gelten. Die Reichsbahn erwartete offenbar von ihren Auftragnehmern, dass sie sich die einschlägigen Vorschriften in eigener Initiative zugänglich machten. Als Anstrichstoffe wurden – wie die Fotos bei Ablieferung zeigen – die Elegantine-Lacke der Firma Frenkel verwendet. Frenkel lieferte neben Zoellner auch Anstrichstoffe für Dieselschnelltriebwagen. Einen Anhaltspunkt zur Farbgebung liefern nur die Aufnahmen der Rbd München, die in Bischofswiesen entstanden sind. Danach war die Seitenwand oberhalb des Langträgers in einem dunklen Elfenbein gehalten, das mache auch als cremefarben beschreiben. Darunter war der Anstrich zinnoberrot. Das Dach war in Weißaluminium lackiert. Der Seitenwandanstrich war oben und unten durch einen dünnen schwarzen Streifen abgegrenzt. Mit der äußeren Gestaltung der neuen Triebwagen hatte man neue Wege beschritten und sich von der mehrfarbigen Farbgestaltung früherer Jahre verabschiedet. Ohne Zierleisten, mit einfarbig hellen Farbflächen oberhalb des dunkleren Rahmens entstand ein neuer eigenständiger Farbeindruck, der anders als bei den Dieselschnelltriebwagen durch die hohen Frontfenster noch unterstützt wurde. Ähnliche Gestaltungsgrundsätze wurden erst bei der Entwicklung des ICE wieder belebt.

Der helle Anstrich war andererseits insbesondere gegen Bremsstaub empfindlich. Hierdurch lassen sich Angaben über einen bräunlichen Anstrich von Langträgern und Schürzen eventuell erklären. An dieser Stelle sei noch gesagt, dass bei der Deutschen Reichsbahn-Gesellschaft die Reichsbahndirektion mit „Rbd" abgekürzt wurde. Die Abkürzung „RBD" galt erst ab 1937, als das Unternehmen Deutsche Reichsbahn wieder der Hoheit des Deutschen Reiches unterstand.

Die Buchstaben „V" und „H" zur Kennzeichnung der Führerräume (vorn und hinten), die Wagennummern und die Klassenschilder waren aus Leichtmetall gegossen und aufgenietet. Der Heimatbahnhof „München Hbf" war in der bei der Deutschen Reichsbahn üblichen Form in schwarzer Schrift auf weißem Grund auf den Untergestellschürzen angeschrieben.

Wie Fotos zeigen, hatte der Doppelwagen nur einen Wagenspiegel (Hauptanschriftenfeld) am Kurzkuppelende. Am elT 1900 a/b waren im Wagenspiegel folgende Anschriften zusammengefasst:

Betriebsgattung	B4ielT
Zahl der Sitzplätze (b-Teil)	47 Pl
Länge über Puffer	43,585 m
Bremsbauart	Hikpbr [Hikpt] m Z

Bild 16 ▷
elT 1900 im Jahr 1935 in Esslingen. Noch fehlen an der Front die Scheibenwischer und die Gewährleistungsangaben.

Bild 17 ▷
Eine weitere Aufnahme des elT 1900 im Jahr 1935 in Esslingen.

Aufnahmen (2): Sammlung EK-Verlag

Nachdem 1937 die Deutsche Reichsbahn wieder reichsunmittelbar geworden war, erhielten ihre Fahrzeuge als neues Eigentumsmerkmal den Reichsadler mit Hakenkreuz, der bei Triebwagen wie dem ET 11 auch auf der Stirnseite angebracht sein konnte. Geliefert wurden die drei Wagen nach dem Nummernplan von 1930 als elT 1900 bis elT 1902. Alle Wagen wurden nach dem im Dezember 1939 genehmigten neuen Nummernplan ab 1941 umgezeichnet in ET 11 01 bis ET 11 03; der elT 1902 erhielt im August 1942 in der Betriebsabteilung München Hbf seine neue Nummer ET 11 03, das neue Hoheitszeichen war bereits im Mai 1940 angebracht worden.

Der ET 11 03 lief nach dem Krieg noch mit seiner ursprünglichen Lackierung (nachgewiesen noch für 1950), während die beiden anderen Wagen vermutlich nach Kriegsende einen olivgrünen Anstrich erhalten haben. Die Anstrichstoffe stammten eventuell aus Beständen der US-Army, da beide Triebwagen im Militärverkehr nach Berchtesgaden eingesetzt wurden.

Im November 1953 ordnete das BZA München an, dass nach dem Vorbild des VT 06 110 auch die ET 11 mit ihrem eher kontrastarmen Anstrich in Blaugrau und Hellgrau einen auffälligen roten Stirnanstrich erhalten sollten, um sie bei unsichtigem Wetter besser erkennen zu können. Ausgeführt wurde der Anstrich bei allen drei ET 11 bis Januar 1956. Weitere Details können dem Abschnitt über Bauartänderungen zwischen 1946 und 1955 entnommen werden.

6.1.2 Wagenkasten

Untergestell, Seitenwände, Dachrahmen und Dachblech wurden als separate Teile aus Stahl der Güte St 37 gefertigt und anschließend miteinander verschweißt. Nur die Hauptquerträger waren in der Güte St 52 mit 6 mm dicken Stegen und 8 mm dicken Gurten hergestellt. Fotos aus der Fertigung zeigen die filigrane Gestaltung des geschweißten Untergestells. Die Stege der meisten Träger waren gelocht, um einen Beitrag zur Masseeinsparung zu leisten. Das galt auch für die im Bereich der vorn liegenden Triebdrehgestelle doppelt angeordneten Hauptquerträger, zwischen denen der Transformator eintauchte. Die geschweißten Außenlangträger waren mit 300 mm Höhe, 4 mm dicken Stegen und

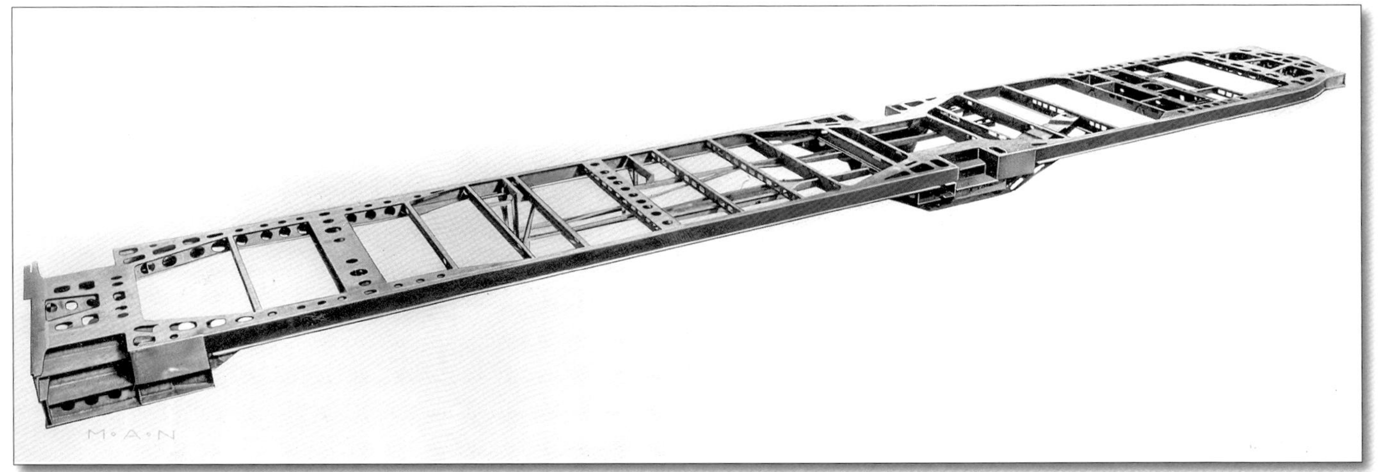

Bild 18 • Ansicht des filigranen Untergestells des elT 1901.
AUFNAHME: MAN-ARCHIV, DB MUSEUM

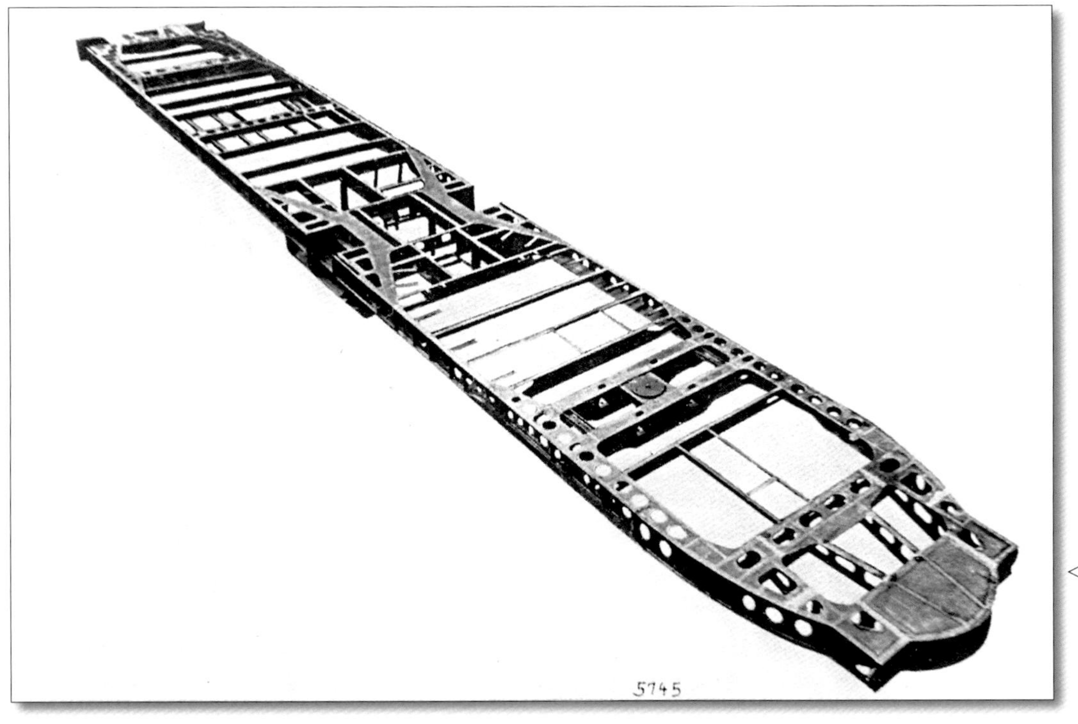

◁ **Bild 19**
Untergestell von oben.

AUFNAHME:
WERKFOTO ESSLINGEN,
SAMMLUNG JOACHIM DEPPMEYER

80 mm breiten Gurten ausgebildet. Auf der Außenseite waren sie durch einen Blechstreifen verkleidet, der mit dem Ober- und Untergurt des Langträgers verschweißt war, so dass der Langträger eine steife Kastenstruktur erhielt und eine homogene glatte Außenkontur entstand. Beim Esslinger Wagen elT 1900 waren die Seitenwände etwas tiefer heruntergezogen als bei den beiden MAN-Wagen. Da man die Langträger noch nicht in einem Stück herstellen konnte, wurden sie aus mehreren Teilen durch Stumpfschweißung zusammengefügt. Um die Stabilität zu erhöhen, waren die Schweißnähte von Steg und Gurten versetzt, so dass die Ober- und Untergurte die Schweißnähte im Steg überlappten. Durch senkrechte aus 3 mm dickem Blech gepresste Säulen waren die Seitenwände ausgesteift; sie wurden auf die Langträger aufgeschweißt. Am stirnseitigen Wagenende waren die Langträger der äußeren elliptischen Kontur folgend zusammengeführt und durch die Abschlussplatte der Zugeinrichtung verbunden. Die 8 mm dicke Platte war mit den Stegen der zusammen laufenden Langträger verschweißt.

Diese Bauweise aus gekanteten oder gepressten bzw. verschweißten Dünnblechen wurde bei den drei Versuchstriebwagen erstmalig angewandt. Im Untergestell betrug die Blechdicke zumeist 4 oder 5 mm; die Seitenwandbleche waren beim Esslinger Wagen mit 2,0 mm Dicke, bei den MAN-Wagen mit 2,5 mm ausgeführt. Im Gegensatz zu anderen Triebwagen hatte man – wie schon früher dargestellt – auf aufgesetzte Zierleisten verzichtet, um die Aerodynamik nicht zu stören und die Reinigung durch glatte Oberflächen zu erleichtern. Die Seitenwände waren am Kurzkuppelende über die Stirnwand hinausgeführt, so dass der Fahrzeugabstand hier nur 250 mm betrug, was sich günstig auf den aerodynamischen Widerstand auswirkte. Die Messungen im Windkanal hatten allerdings auch gezeigt, dass der Einfluss der „Lücke" nicht überschätzt werden darf.

Trotz der geschweißten Leichtbauweise erwiesen sich die Wagenkästen als durchaus stabil. Bei einigen Aufstößen im Zuge von Rangierbewegungen wurden zwar kleinere Verformungen festgestellt, bei den anschließenden Reparaturen jedoch keine Risse in den Schweißnähten oder Anrisse oder Brüche in der Verglasung. Bei beiden MAN-Triebwagen waren jedoch die Anhebestellen am Untergestell zu schwach dimensioniert, so dass zwischen Ober- und Untergurt im Juni 1942 im RAW Nürnberg Verstärkungsrippen eingeschweißt werden mussten

Die Langträger waren im Bereich der Trittstufenkästen unterbrochen, so dass hier für die Kräfte eine Umleitungskonstruktion geschaffen werden musste. Die Trittstufen wurden durch geschweißte Kastenträger mit auf-

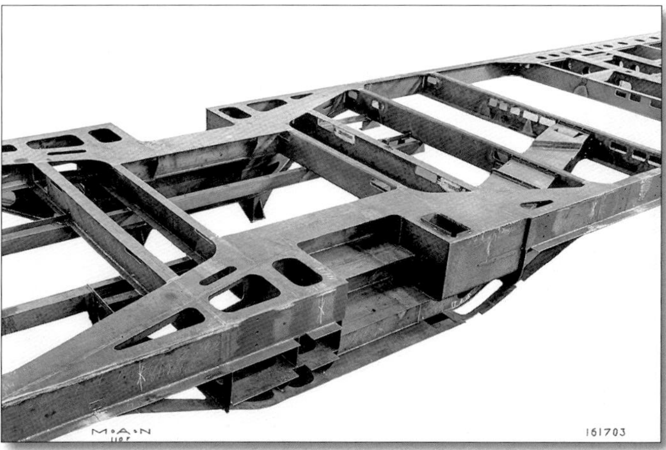

△ **Bild 20 •** Untergestell mit Einstiegspartie des elT 1901.
Aufnahme: MAN-Archiv, DB Museum

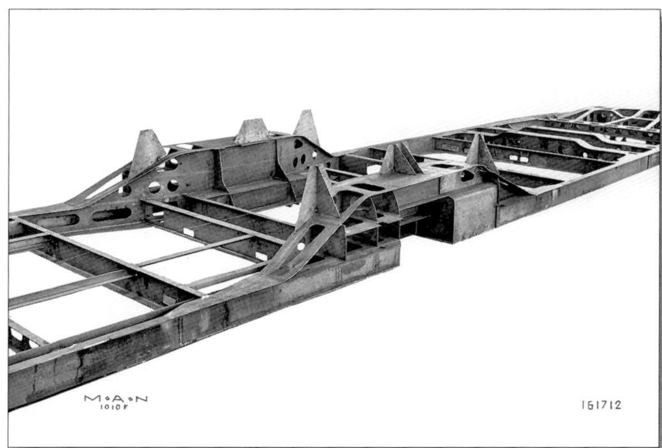

△ **Bild 21 •** „Auf dem Kopf" liegendes Untergestell mit Einstiegspartie des elT 1901.
Aufnahme: MAN-Archiv, DB Museum

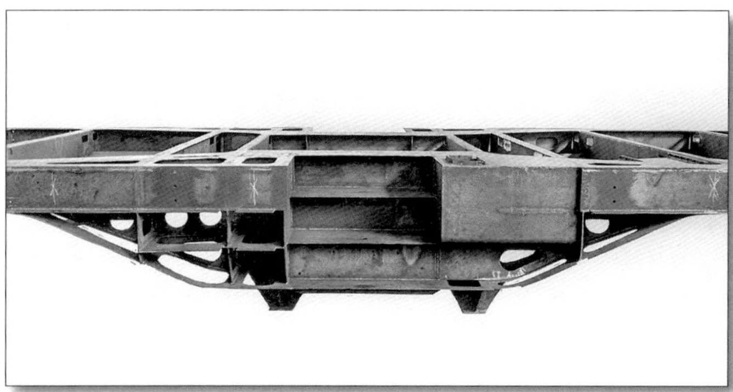

△ **Bild 22 •** Mittlere Teilansicht des Untergestells des elT 1901 mit der Umleitungs-Konstruktion für die Längskräfte.
Aufnahme: MAN-Archiv, DB Museum

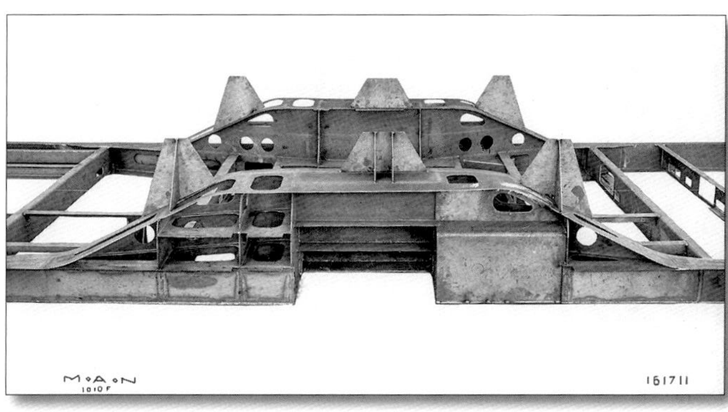

△ **Bild 23 •** Ansicht des mittleren Teils des Untergestells des elT 1901 mit der Umleitungs-Konstruktion für die Längskräfte auf dem Kopf liegend.
Aufnahme: MAN-Archiv, DB Museum

△ **Bild 24 •** Vorderer Teil des Untergestells des elT 1901.
Aufn.: MAN-Archiv, DB Museum

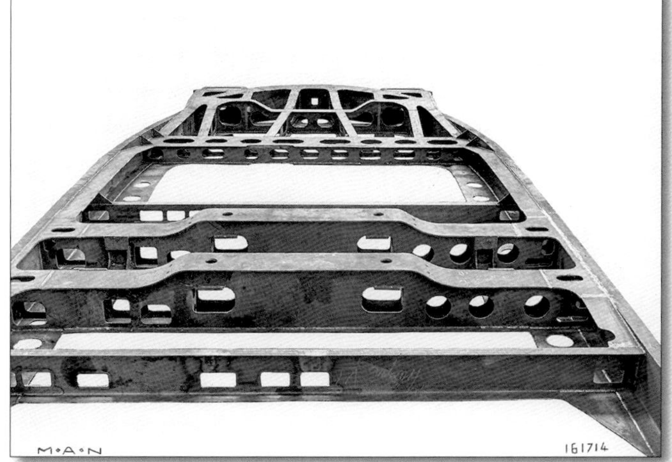

△ **Bild 25 •** Untergestell von unten.
Aufnahme: MAN-Archiv, DB Museum

gesetzten Trittplatten gebildet. Die drei Trittstufen, deren unterste in einer Höhe von 600 mm über SO lag, waren nicht optimal angeordnet, so dass sie in der Folge zu erheblichen Beschwerden der Reisenden führten.

Das Dach war auf einem aus 3,5 mm dicken Blechen geschweißten biegesteifen Kastenträger aufgebaut, der durch aus Blechen gepresste Spriegel ausgesteift war. Die längs liegenden Pfetten wurden durch gekantete dünne Bleche gebildet. Die Dachvouten waren durch eingeschweißte Bleche ausgesteift, die zur Masseeinsparung ebenfalls gelocht waren. Für die Fertigung des Daches war ebenfalls eine eigene Schweißvorrichtung entwickelt worden. In der Nähe der Triebdrehgestelle war oberhalb der Türen durch den Ausschnitt für den Lufteintritt zur Fahrmotorkühlung der Dachrahmen geschwächt, so dass er durch eingeschweißte Bleche stabilisiert werden musste. Das Dach war – wie schon erwähnt – ohne die sonst bei elektrischen Triebfahrzeugen üblichen begehbaren Lattenroste ausgeführt, um den Luftwiderstand klein zu halten.

Die Außentüren waren als Leichtmetalltüren ausgebildet, die beim Öffnen in Taschen der Seitenwand versenkt wurden. Beim Schließvorgang wurden sie nahezu bündig in die Ebene der Seitenwand vorgezogen. Der Wagen a besaß eine Mittel- und Endtür und zusätzlich die Tür zum Gepäckraum, der Wagen b nur eine Mitteltür. Wegen des Platzbedarfes der sich öffnenden Schiebetür konnten die Fenster neben der Tür nur eine Breite von 1.200 mm statt 1.400 mm erhalten. Lieferant der Leichtmetalltüren war die Firma Arn. Kiekert Söhne aus Heiligenhaus im Regierungsbezirk Düsseldorf, die sich nach dem Krieg zu einem der großen Lieferanten der Deutschen Bundesbahn für Türen und Beschläge entwickelte.

△ **Bild 26** • Schweißtisch für die Fertigung des Untergestells des ET 11.
AUFNAHME: WERKFOTO ESSLINGEN, SAMMLUNG JOACHIM DEPPMEYER

△ **Bild 27** • Holzmodell des ET 11 im Friedrichshafener Windkanal.
AUFNAHME: BARCHIV R 5/22267

△ **Bild 28** • Flettner-Lüfter auf dem Dach des ET 11 01, Aufnahme vom 4. Juli 2007 im DGEG-Museum in Neustadt (Weinstr). AUFNAHME: BERND ZÖLLNER

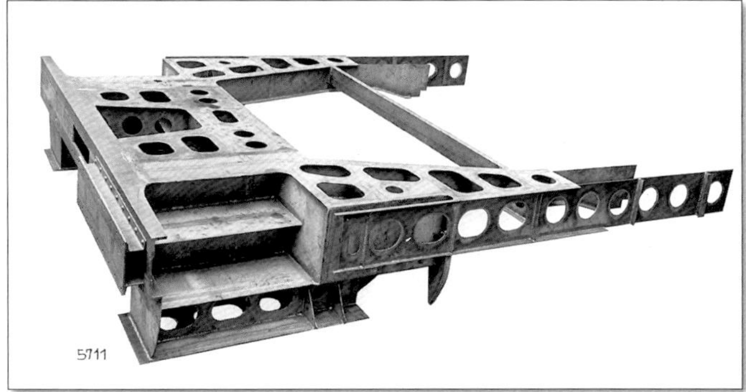

△ **Bild 29** • Untergestell des a-Wagens mit hinterem Einstieg.
AUFNAHME: WERKFOTO ESSLINGEN, SAMMLUNG WOLFGANG-D. RICHTER

△ **Bild 30** • Magnetschienenbremse am Triebdrehgestell der Bauart MAN.
AUFNAHME: WERKFOTO ESSLINGEN, SAMMLUNG WOLFGANG-D. RICHTER

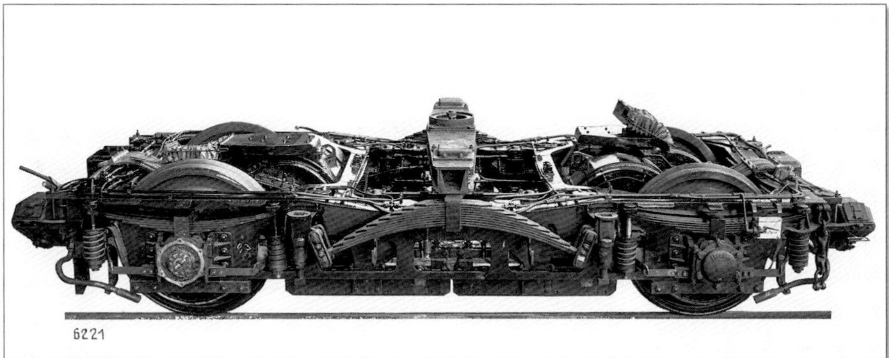

△ **Bild 31** • Triebdrehgestell (gebaut von der Maschinenfabrik Esslingen), ausgestattet mit Fischer-Rollenlager. Zwischen den beiden Radsätzen ist die Magnetschienenbremse zu erkennen.
AUFNAHME: WERKFOTO ESSLINGEN, SAMMLUNG WOLFGANG-D. RICHTER

Für die Darstellung des Zugschlusssignals wurden die elektrischen Stirnleuchten benutzt, besondere Halter für Oberwagenscheiben gab es nicht, ebenfalls ein kleiner Beitrag zur Verringerung des Luftwiderstandes. Die mit zwei Lampen ausgerüsteten Leuchten hatten einen reflektierenden Spiegel aus nichtrostendem Stahl. Die beiden Führerräume waren ohne Einstiegtüren ausgeführt, der Zutritt erfolgte über die nächstliegende Fahrgasttür. Die Seitenfenster im Führerraum waren als Übersetzfenster gestaltet und im oberen Teil herablassbar. Die drei Stirnfenster waren aus Sicherheitsglas gefertigt (Handelsname Sekurit). Die beiden rechten Scheiben waren mit Scheibenheizung ausgerüstet. Die elektrischen Scheibenwischer lieferte die Firma Bosch (beim elT 1902 nachträglich 1938 eingebaut).

6.1.3 Drehgestelle und Bremse

Trieb- und Laufdrehgestelle entsprechen in ihrer Grundform der Görlitzer Bauart III leicht mit dreifacher Federung. Die Rahmen waren geschweißte Blechträger, deren Obergurt aus 12 mm dickem Blech bestand und der – wie Fotos zeigen – an Anschlussstellen der Kopf- und Querträger zur Stabilitätserhöhung verbreitert war. Als Radstand im Drehgestell war ursprünglich ein Wert von 3.600 mm vorgesehen, wie er von

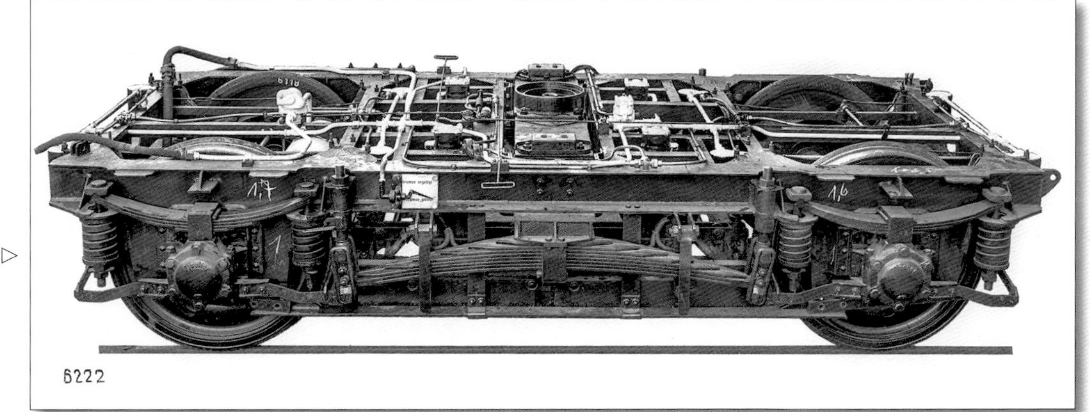

Bild 32 ▷ Laufdrehgestell des elT 1900 (mit Rollenlager).

AUFNAHME: WERKFOTO ESSLINGEN, SAMMLUNG WOLFGANG-D. RICHTER

Bild 33 ▷ Ausschnitt eines Triebdrehgestells von Esslingen/BBC.

AUFNAHME: WERKFOTO ESSLINGEN, SAMMLUNG WOLFGANG-D. RICHTER

△ **Bild 34 •** Laufdrehgestell mit Trommelbremse, elT 1901, Wiege mit Stufendrehpfanne.

△ **Bild 35 •** Triebdrehgestell von vorn.

AUFNAHMEN (3): MAN-ARCHIV, DB MUSEUM

zeitgleich gebauten D-Zug-Wagen bekannt war. Für die Triebdrehgestelle mit Hohlwellenmotoren (elT 1900 und elT 1902) musste der Radstand jedoch um 100 mm auf 3.700 mm vergrößert werden, um die elektrische Antriebsausrüstung unterbringen zu können. Im Bereich der Triebdrehgestelle war der Hauptrahmen mit Rücksicht auf den Transformatoreinbau durch zwei mit Abstand eingebaute kastenförmige Querträger verbunden. Die Kopfträger der Drehge-

△ **Bild 36 •** Laufdrehgestell elT 1901, innere Bremstrommel.

△ **Bild 37 •** Mit dem ET 11 warb Kugelfischer Schweinfurt für seine Produkte. Abbildung: Sammlung Heinz Kurz

△ **Bild 38 •** Sandkasten am Laufdrehgestell des elT 1901. Aufnahme: MAN-Archiv, DB Museum

stelle waren ebenfalls als Kastenträger ausgebildet; sie trugen für jedes Rad einen Leichtmetall-Sandkasten. Die ebenfalls geschweißten Laufdrehgestelle erhielten einen kleineren Radstand von nur 3.000 mm. Ihre Rahmenwangen aus 16 mm dickem Blech waren durch einen einfachen Querträger verbunden. Der Wagenkasten stützte sich mit dem Drehzapfen über eine Wiege mit Drehpfanne und seitlichen Gleitstücken auf dem Drehgestell ab. Zwei längsliegende in Schaken aufgehängte achtlagige Blattfedern sorgten für die Wiegenfederung; die Radsätze wurden durch kürzere sechslagige Blattfedern mit nachgeschalteten Schraubenfedern mit Rechteckquerschnitt gegen den Drehgestellrahmen abgestützt. Zug- und Bremskräfte wurden auf beiden Seiten des Drehgestells durch ein tief liegendes Gestänge mit Ausgleichhebeln auf eine Welle übertragen, die mit dem Untergestell verbunden war.

Bei den Laufdrehgestellen war die Wiege wie bei den Reisezugwagen üblich in tiefer Lage eingebaut. Bei den Triebdrehgestellen musste die Wiege wegen des in das Drehgestell hineinragenden Transformators über dem Drehgestellrahmen angeordnet werden. Für die langen Wiegenfedern waren je zwei Fangvorrichtungen am Drehgestellrahmen angeschraubt.

Die Ausführung der Radsatzlager war im Sinne der Sammlung von Erfahrungen un-

◁ **Bild 39**
Ersatztriebdrehgestell mit Achslenkern, im Fahrzeug eingebaut.

Aufnahme: Werkfoto Esslingen, Sammlung Wolfgang-D. Richter

◁ **Bild 40**
Triebdrehgestell mit Achslenkern von 1940.

Aufnahme: Werkfoto Esslingen, Sammlung Wolfgang-D. Richter

Bild 41 ▷
Laufdrehgestell elT 1901 mit Achslenkern und Trommelbremse von 1940.

Aufnahme: Werkfoto Esslingen, Sammlung Wolfgang-D. Richter

Bild 42 ▷
Triebdrehgestell mit Indusi und vier Luftbehältern auf dem Rahmen des Drehgestells.

Aufnahme: MAN-Archiv, DB Museum

Bild 43 ▷
Laufdrehgestell elT 1901 mit Trommelbremse.

Aufnahme: MAN-Archiv, DB Museum

terschiedlich gestaltet. Die Radsätze des elT 1902 hatten ölgeschmierte „Isothermos"-Gleitlager von Peyinghaus mit Schleuderschmierung, die beiden anderen Wagen erhielten versuchsweise fettgeschmierte Zylinder-Rollenlager der Firma Kugelfischer in Schweinfurt, die bisher noch nicht umfassend erprobt waren, sich im Betrieb aber gut bewährten. Die Radsatzwellen aller Laufradsätze waren als Vollwellen ausgeführt, während die Wellen für die Treibradsätze der elT 1900 und elT 1902 mit Hohlbohrungen versehen wurden.

Um Fahrzeugmasse einzusparen, wurden die Radreifen dünner ausgeführt. Statt 75 mm erhielten sie nur eine Dicke von 50 mm im Neuzustand (bei maximaler Abnutzung 26 mm), beim elT 1902 65 mm. Das Reichsbahn-Zentralamt in München legte später als Verschleißmaß eine Mindestdicke für alle drei Triebwagen von 35 mm fest.

Die Radreifen der Triebwagen waren nach den Erfahrungen mit den Diesel-Schnelltriebwagen mit dem Flachprofil D 15 geliefert worden, das eine mittlere Laufflächenneigung von 1 : 100 aufwies und so zur Streckung der Wellenlänge des Sinuslaufs beitragen sollte. Die Wahl dieses Profils kann allenfalls mit dem Versuchs-

△ **Bild 44** • Laufdrehgestell des elT 1902 mit Klotzbremse.

Aufnahme: MAN-Archiv, DB Museum

△ **Bild 45** • Rahmen des Ersatzdrehgestells von 1940.

Aufnahme: Werkfoto Esslingen, Sammlung Wolfgang-D. Richter

charakter der Züge erklärt werden, sie hätten eigentlich mit dem schon seit 1934 gültigen Profil 1:20/1:40 ausgerüstet werden müssen. Vor dem Hintergrund steigender Fahrgeschwindigkeiten über 100 km/h hinaus war in den dreißiger Jahren die Frage des „richtigen" Laufflächenprofils von großer Bedeutung. Die Hauptverwaltung in Berlin ordnete daher am 4. April 1934 an, dass vierachsige Triebwagen und vierachsige Personenwagen eiserner Bauart das Laufflächenprofil 1:20/1:40 erhalten sollen. Da die Klagen über unruhigen Fahrzeuglauf anhielten, ergänzte die Hauptverwaltung am 2. August 1934 ihre Verfügung: alle Fahrzeuge mit dem alten Profil 1:10/1:20 und mehr als 20.000 km Laufleistung sind aus dem Betrieb zu ziehen und mit dem flacheren Profil 1:20/1:40 zu versehen; alle vierachsigen Trieb-, Bei- und Steuerwagen mit einer Höchstgeschwindigkeit über 110 km/h und einer Laufleistung von mehr als 40.000 km müssen reprofiliert werden. Bei Fahrzeugen mit Geschwindigkeiten zwischen 90 und 110 km/h lag diese Grenze bei 50.000 km.

Die Bremsausrüstung war für die drei Triebwagen unterschiedlich, hier wurde ebenfalls der Versuchscharakter deutlich. Allen gemeinsam war nur die indirekt wirkende mehrlösige Druckluftbremse der Bauform Hildebrand-Knorr und die direkt wirkende nicht selbsttätige Zusatzbremse, die auf alle Bremszylinder wirkte.

Die elT 1900 und elT 1901 hatten Steuerventile der Bauart Hikpt, Bremskraftübertragung durch außen liegende ungeteilte Bremstrommeln bei den Treibradsätzen und innen liegende geteilte Bremstrommeln bei den Laufradsätzen sowie eine Öldruckbremse der Frankfurter Firma Teves als Feststellbremse. Der Lagermittenabstand erreichte wegen des Platzbedarfes der außen liegenden Bremstrommeln den in Deutschland ungewöhnlichen Wert von 2.250 mm. Der Druck im Hauptluftbehälter betrug bei dieser Bremse 8 bar.

Der elT 1902 hatte demgegenüber Steuerventile der Bauart Hikst (schnell wirkend), eine klassische mehrlösige Klotzbremse mit Doppelklötzen und als Feststellbremse eine ebenfalls klassische Handspindelbremse. Das Handrad für die Handbremse (Feststellbremse) war auf der linken Seite des Führerraumes eingebaut. Das Steuerventil war mit einem Druckübersetzer und Fliehkraftregler kombiniert. Bei Geschwindigkeiten unter 60 km/h war die Abbremsung auf 70 % begrenzt, um ein Überbremsen und in der Folge Flachstellen zu vermeiden. Bei Geschwindigkeiten über 60 km/h stieg die Abbremsung im Lieferzustand auf 180 %, später auf 200 %. Die Kontrollleuchte für den Fliehkraftregler des elT 1902 war auf dem Führertisch eingebaut.

Der Lagermittenabstand betrug beim klotzgebremsten Wagen 2.000 mm, der Druck im Hauptluftbehälter 10 bar.

Die Bremszylinder waren bei der Klotzbremse in den Drehgestellen eingebaut. Das Triebdrehgestell verfügte dabei über vier Bremszylinder, die auf den Außenträgern des Drehgestellrahmens aufgebaut waren, das Laufdrehgestell über zwei diagonal eingebaute Bremszylinder.

Zu erwähnen ist noch, dass an den Stirnseiten des Triebwagens im Lieferzustand keine Bremsleitungsanschlüsse vorgesehen waren. Beim Abschleppen durch ein Hilfstriebfahrzeug konnte also die Druckluftbremse des Triebwagens nicht angesteuert werden.

Alle drei Triebwagen wurden zur Verkürzung der Bremswege im Schnellbremsfall mit der von Knorr entwickelten Magnetschienenbremse der Bauart Jores-Müller geliefert, die im Bremsfall aus der Fahrzeugbatterie gespeist wurde. Die Schienenbremse wurde sowohl bei einer durch den Triebwagenführer ausgelösten Schnellbremsung als auch bei einer Fahrgastnotbremse wirksam, nicht jedoch bei einer Betriebsbremsung. Die Triebdrehgestelle erhielten zwei Magnete auf jeder Seite, die (kürzeren) Laufdrehgestelle nur einen Magnet.

Die Höchstgeschwindigkeit von 160 km/h durfte nur auf Strecken mit 1.000 m Vorsignalabstand gefahren werden und wenn alle Bremssysteme verfügbar waren. Fiel die Magnetschienenbremse aus, musste die Geschwindigkeit auf 100 km/h begrenzt werden. Für den elT 1902 mit ss-Bremse galt ohne Magnetschienenbremse bei 12 ‰ Streckenneigung eine zulässige Geschwindigkeit von 110 km/h. Für ein Versuchsfahrzeug hätte es nahe gelegen, auch die elektrische Widerstandsbremse einzubauen und zu erproben, wie es z. B. im ET 25 geschah. Beim ET 11 ist dies jedoch nicht geschehen.

6.1.4 Druckluftausrüstung

Bei allen drei Triebwagen wurde die Druckluft durch den zweistufigen Knorr-Kolbenluftverdichter VV 140/75 mit einer Förderleistung von 55 m^3/h bereitgestellt, der unter dem a-Wagen neben dem Heizaggregat eingebaut war. Für den elektrischen Antriebsmotor wählten die Elektrofirmen unterschiedliche Lösungen.

BBC baute im elT 1900 den Motor ERH 27 ein, die beiden anderen Triebwagen erhielten den Motor EHM 16.

Die geförderte Luft wurde in zwei Hauptluftbehältern mit insgesamt 600 l Inhalt und vorgeschaltetem Ölabscheider gespeichert. Von dort wurden durch die Hauptluftbehälterleitung die beiden Führerbremsventile versorgt. Ein Sicherheitsventil begrenzte in üblicher Weise den Leitungsdruck auf 10 bar. Das Ein- und Ausschalten des Luftverdichters besorgte in ebenso üblicher Weise ein Druckschalter MD 3, der beim Unterschreiten des Mindestdrucks von 6,5 bar den Luftverdichter ein- und bei Erreichen des Höchstdrucks von 8 bar ausschaltete.

An das Druckluftnetz angeschlossen waren:

- die Druckluftbremse
- die Knorr-Sandstreuanlage (Magnetventile) für die vorlaufenden Treibradsätze
- die Hubzylinder der Magnetschienenbremse
- die Hubfedern der Stromabnehmer
- die beiden Signalpfeifen
- die Abortspülung
- die Druckluftförderung für den Spülwasserbehälter unter dem Wagen b
- die Speisung der beiden Druckluftläutewerke beim elT 1900
- vorübergehend die Knorr-Druckluftscheibenwischer.

Der Nürnberger Ausstellungswagen von 1935 war noch ohne Scheibenwischer geliefert worden. Erst nachträglich wurden zwei Druckluftscheibenwischer eingebaut.

Das Bremsgestänge musste aus den hochwertigen Werkstoffen St 52 oder St 60.11 gefertigt sein. Bohrungen im Gestänge mussten Stahlbuchsen erhalten. Für die Klotzbremse beim elT 1902 waren Doppelbremsklötze vorgeschrieben.

6.1.5 Sicherheitseinrichtungen

Alle drei Triebwagen sind mit der wegabhängigen Sicherheitsfahrschaltung (Sifa) in der Bauform BBC geliefert worden. Der Sifa-Schaltkasten befand sich im Wagen a. In den „Technischen Bedingungen" ist festgelegt, dass die Bedienung der Sifa durch einen Fußschalter und einen (Hand-)Druckknopf möglich sein muss. Der Antrieb der Sifa wird von einem Laufradsatz abgeleitet. Bei einer Geschwindigkeit größer als 50 km/h wird durch einen Deuta-Kontaktgeber und ein Hilfsschütz der Sifa-Stromkreis ständig an Spannung gelegt, so dass der Triebwagenführer den Knopf nicht mehr betätigen muss. So sind die Triebwagen auch geliefert worden. Erst später wurde die Schaltung geändert, so dass die Sifa im Sinne einer Wachsamkeitskontrolle bei allen Geschwindigkeiten bedient werden musste. Bei der BBC-Weg-Sifa wurde nach 75 m Fahrstrecke ein Summer ausgelöst und nach weiteren 75 m die Zwangsbremsung eingeleitet, wenn der Triebwagenführer nicht reagierte. Im Sommer 1958 wurde die reine Wegabhängigkeit der Sifa durch ein Zeitrelais ergänzt. Der Triebwagenführer wurde nach 30 Sekunden durch einen Leuchtmelder daran erinnert, den Sifa-Taster kurz loszulassen, anderenfalls wurde die Wegabhängigkeit bis hin zur Zwangsbremsung ausgelöst.

Es sei an dieser Stelle noch erwähnt, dass bei der Deutschen Reichsbahn auch die Triebwagen zweimännig gefahren wurden, also mit Triebwagenführer und Beimann. Erst nach dem Zweiten Weltkrieg, als mehr und mehr Triebfahrzeuge mit der induktiven Zugbeeinflussung ausgerüstet waren, wurden die Beimannregeln schrittweise gelockert. So sahen die Fahrdienstvorschriften von 1960 vor, dass Reisezüge nur bei Geschwindigkeiten über 140 km/h mit einem Beimann zu besetzen sind. Heute fahren ICE mit 300 km/h ohne Beimann oder – wie es heute heißt – ohne Triebfahrzeugbegleiter. Beim ET 11 wurde der Beimann im Sommer 1958 abgeschafft.

Die Frage der Zugbeeinflussung spielte bei den für 160 km/h geplanten Triebwagen eine wichtige Rolle. Abgesehen von den zwei Versuchstriebwagen der Studiengesellschaft für elektrische Schnellbahnen von 1903 war der spätere ET 11 der erste elektrische Schnelltriebwagen für 160 km/h auf deutschen Schienen. In der Eisenbahn-Bau- und Betriebsordnung (BO) von 1928 (gültig ab 1. Oktober) war als höchste Geschwindigkeit für Personenzüge mit durchgehender Bremse 100 km/h festgelegt. Wie schon erwähnt, konnte die Aufsichtsbehörde unter günstigen Verhältnissen 120 km/h zulassen. Für höhere Geschwindigkeiten bedurfte es einer Ausnahmegenehmigung, die nur das Reichsverkehrsministerium erteilen konnte. Für Versuchsfahrten galten besondere Vorschriften. Es ist bemerkenswert, dass in den Technischen Bedingungen für den Schnelltriebwagen zwar die Sifa genannt wird, jedoch mit keinem Wort die Zugbeeinflussung erwähnt wird.

Ursprünglich war vorgesehen, dass die drei elektrischen Schnelltriebwagen sowohl die induktive als auch die optische Zugbeeinflussung (Opsi) erhalten sollten. Die von Bäseler zusammen mit der Firma Zeiss entwickelte Opsi arbeitete mit einer Lichtquelle auf dem Triebfahrzeug und Spiegeln an den Signalen, die in der Stellung „Frei" weggeklappt wurden. In der Stellung „Halt" mit den Spiegeln im Strahlengang wurde der Lichtstrahl reflektiert und auf dem Triebfahrzeug in ein elektrisches Signal umgewandelt, das den Bremsbefehl auslöste. Von der Doppelausrüstung nahm die Hauptverwaltung jedoch am 18. Juni 1935 Abstand, um den Bau der Züge nicht aufzuhalten. Die Opsi war ins Spiel gekommen, weil anfangs erwogen wurde, die Züge für den Einsatz zwischen Stuttgart, München und Salzburg vorzusehen und auf einigen Abschnitten dieser Strecke die Opsi bereits eingerichtet war. Hier waren auch Dampflokomotiven wie die bayerische S 3/6 mit der Opsi ausgerüstet. Da die Opsi nicht ausreichend zuverlässig arbeitete, weil Spiegel verschmutzten oder durch Sonnenlicht das Signal verfälscht wurde, beendete die Deutsche Reichsbahn die Versuche im Jahr 1943.

Auf elektrisch betriebenen Strecken verabschiedete sich die Deutsche Reichsbahn schon früher von der Opsi. Am 28. August 1936 entschied die Hauptverwaltung, dass auf elektrisch betriebenen Strecken nur noch die induktive Zugbeeinflussung in der Dreifrequenzausführung eingebaut wird. Hier gab es anfangs noch zwei konkurrierende Entwicklungen: die Bauform Lorenz (Indulor) und die Bauform Siemens (Indusi). Ob die Hauptverwaltung bei ihrer Entscheidung für eine Induktive Zugbeeinflussung sich bereits für die Indusi entschieden hatte, ist offen.

Als erster Triebwagen erhielt der zuletzt gelieferte elT 1902 im Jahr 1937 die von den Vereinigten Eisenbahn-Signalwerken in Berlin (VES) gelieferte Induktive Zugbeeinflussung. Da für März 1938 über (weitere) Indusi-Messfahrten zwischen München und Nürnberg berichtet wird, liegt der Schluss nahe, dass es sich um die Bauform Siemens handelte. Die Prüfgeschwindigkeit bei der angehängten Geschwindigkeitsüberwachung nach Bedienen der Wachsamkeitstaste am Vorsignal in Warnstellung war bei den Schnelltriebwagen auf 105 km/h eingestellt. Der im a-Wagen eingebaute Dreifrequenz-Generator wurde von einem Gleichstrom-Nebenschlussmotor angetrieben, der ohne Pufferbatterie direkt von einer 200-V-Anzapfung des Transformator gespeist wurde. Ohne Fahrdrahtspannung war die Zugbeeinflussung also nicht funktionsfähig.

Die Hauptverwaltung legte daher am 30. Juni 1936 fest, dass nur mit aktiver Zugbeeinflussung Geschwindigkeiten über 120 km/h gefahren werden durften. Die Rbd München übernahm diese Festlegung für die geplante Verbindung FDt 721/722 zwischen Berchtesgaden und Stuttgart, die (vermutlich) ab 1. August 1936 eingerichtet wurde.

Im elT 1902 wurde die Zugbeeinflussungs-Anlage am 18. Juni 1937 im Bw Nürnberg nach Abschluss der Messfahrten abgenommen. Im elT 1901 wurde die Zugbeeinflussung 1939 eingebaut und am 3. November 1939 abgenommen.

Beim elT 1900 war die Grundausrüstung für die Zugbeeinflussung Ende 1938 eingebaut worden. Als Zulieferer wird für elT 1900 und elT 1901 die Firma Lorenz genannt. Das würde nahelegen, dass zu Erprobungszwecken hier die Bauform Lorenz eingebaut wurde. (Im Betriebsbuch für elT 1900 steht allerdings lapidar ohne weitere Erläuterung „VES-Lorenz Indusi, was eigentlich ein Widerspruch ist.) Beim elT 1900 sollte der Einbau der Magnete aber erst bei den neuen Drehgestellen erfolgen. Der Kriegsbeginn 1939 verhinderte schließlich den Einbau. Mit einem Schreiben an alle RBD teilte das RZA

München am 16. September 1939 mit, alle Arbeiten an Zugbeeinflussungseinrichtungen wesentlich einzuschränken, vorhandene Anlagen jedoch weiter zu betreiben.

Nach dem Krieg fuhren die ET 11 bis 1957 ohne Zugbeeinflussungsanlagen, da die eingebauten Einrichtungen sowohl veraltet als auch unvollständig oder unbrauchbar waren.

Von den beiden im Wettbewerb stehenden induktiven Zugbeeinflussungsanlagen setzte sich in Deutschland und im seit März 1938 „angeschlossenen" Österreich (der sog. Ostmark) die Bauform Siemens (Indusi) durch. Nach dem Krieg wurden etwa noch vorhandene Versuchsanlagen durch die Indusi ersetzt.

6.2 Inneneinrichtung

Obwohl bei der Bestellung der drei elektrischen Triebwagen noch kein konkretes Einsatzfeld mit möglicherweise besonderen kundenbezogenen Anforderungen absehbar war, sollte sich die Inneneinrichtung an den zeitgleich entstandenen Diesel-Schnelltriebwagen der Bauart Leipzig orientieren. Die Wagen des elektrischen Triebwagens waren wie schon erwähnt nach dem Großraumprinzip aufgebaut. Einstieg- und Fahrgasträume waren durch einflügelige Schiebetüren getrennt. Der Wagen a enthielt einen Gepäckraum von knapp 4 m Länge und fünf Nichtraucherabteile und bot darum nur 30 Fahrgästen einen Sitzplatz. Der Gepäckraum konnte über eine einflügelige Ladetür be- und entladen werden; das Fenster der Ladetür war im oberen Drittel geteilt. Dieses Übersetzfenster war schon in den Lieferbedingungen festgelegt. Die Decke war weiß lackiert und der Fußboden des Gepäckraumes mit Kiefernbohlen ausgelegt, seine Wände waren maschinengrün gestrichen. Der Farbton wird auch als resedagrün nach RAL 6011 bezeichnet. An den Gepäckraum und den anschließenden Einstiegraum schloss sich eine kleine Küche mit Anrichte (1.400 mm und 1.500 mm) und einem Klappsitz für das Personal an. Die von der MITROPA betriebene Küche war mit einem Elektroherd mit vier Platten ausgestattet. Weiter waren ein elektrisch beheizter Warmwasserspeicher mit einem Anschlusswert von 1,2 kW und ein ebenfalls elektrisch beheizter Wärmeschrank vorhanden. Gegen den ursprünglich vorgesehenen Kohleherd hatte die MITROPA Einwände erhoben. Der Warmwasserspeicher ging auf eine Anregung der MITROPA zurück. Es fällt auf, dass der Kühlschrank noch nicht elektrisch betrieben wurde, sondern regelmäßig mit Stangeneis befüllt werden musste. Die Küche stand unter geringem Überdruck, die Küchenabluft wurde durch einen auf dem Dach aufgebauten Flettner-Luftsauger abgesaugt. Die beiden Küchenfenster waren als geteilte Übersetzfenster ausgebildet. Die Bedienung der Reisenden erfolgte am Sitzplatz, der zu diesem Zweck auf der Gangseite mit einem Klapptisch ausgestattet war, den die Maschinenfabrik Esslingen entwickelt hatte. Die Klapptische für die Fensterplätze waren unterhalb des Fensters nebeneinander angeordnet.

Der Übergang zwischen den Wagen war durch einen Faltenbalg geschützt, der unmittelbar ohne Übergangstüren vom Wa-

△ **Bild 46** • Innenansicht elT 1900 b (Raucher), mit Streifenpolstern.
AUFNAHME: WERKFOTO ESSLINGEN, SAMMLUNG EK-VERLAG

△ **Bild 47** • Innenansicht Nichtraucherbereich des elT 1900.
AUFNAHME: WERKFOTO ESSLINGEN, SAMMLUNG HEINZ KURZ

△ **Bild 48** • Innenansicht elT 1900 b mit Gobelinpolstern, hinten Dienstraumtür zum Führerstand.
AUFNAHME: WERKFOTO ESSLINGEN, SLG. RZA MÜNCHEN, SLG. H. KURZ

△ **Bild 49** • Sitzgruppe im elT 1902 mit Klapptischen am Fenster.
AUFNAHME: MAN-ARCHIV, DB MUSEUM

△ **Bild 50** • Innenansicht Raucherbereich im elT 1902 b, im Hintergrund die geöffnete Tür zum Einstiegsbereich und zum Führerstand. AUFNAHME: MAN-ARCHIV, DB MUSEUM

△ **Bild 51** • Innenansicht elT 1900, Raucherbereich. AUFNAHME: WERKFOTO ESSLINGEN, SAMMLUNG RZA MÜNCHEN, SAMMLUNG HEINZ KURZ

△ **Bild 52** • Klapptisch für den Doppelsitz am Gang. AUFNAHME: MAN-ARCHIV, DB MUSEUM

△ **Bild 53** • Innenansicht des Raucherbereichs im elT 1902 b, Sitze mit Streifenpolster. AUFNAHME: MAN-ARCHIV, DB MUSEUM

△ **Bild 54** • Blick in den Speiseraum. Auch dort wurden die Stirnwände mit Motiven aus deutschen Landen dekoriert. AUFNAHME: STEPHAN BESTÄNDIG

△ **Bild 55** • Nichtraucherbereich des elT 1902 b, Gobelinpolster. Die Intarsie rechts zeigt die Feste Marienberg oberhalb Würzburg. AUFNAHME: MAN-ARCHIV, DB MUSEUM

gen aus zugänglich war. Die Übergangsbrücke zwischen den Wagenteilen gewährleistete für die Reisenden einen sicheren Übergang auch in engen Gleisbögen. Auf der Kurzkuppelseite des Doppelwagens waren im Wagen b die beiden WC eingebaut. An dieser Stelle wurde auf Einstiegtüren verzichtet. Für beide WC war ein Spülwasserbehälter mit 300 l Inhalt und elektrischer Beheizung vorhanden. Die Wände und Decken im WC waren isargrün lackiert, der Fußboden mit Mettlacher Kacheln belegt. Im Anschluss an die WC folgten fünf Abteile für Raucher, der Mitteleinstieg und weitere drei Abteile, die für Nichtraucher bestimmt waren. Insgesamt wurden im b-Wagen 47 Sitzplätze angeboten. Dazu kamen nach der Angabe im Merkbuch von 1941 noch 134 Stehplätze im Doppelwagen.

Die Abteile hatten eine Tiefe von 2.000 mm, die Fenster zumeist eine Breite von 1.400 mm und eine einheitliche Fensterhöhe von 905 mm. Die Unterkante der Fenster lag 850 mm über dem Fußboden, so dass

△ **Bild 56** • Blick in die Küche des ET 11, die von der Mitropa genutzt wurde. Links der Herd, darüber diverse Hängeschränke.

AUFNAHME: WERKFOTO ESSLINGEN, SAMMLUNG WOLFGANG-D. RICHTER

△ **Bild 57** • Im Hintergrund die Küche (siehe auch Aufnahme links), der Fotograf steht im Raum mit der Anrichte. Der Blick fällt auf ein Regal für Gläser.

AUFNAHME: WERKFOTO ESSLINGEN, SAMMLUNG WOLFGANG-D. RICHTER

△ **Bild 58** • Führerstand I im elT 1900 a, links das Handrad für die Feststellbremse, am unteren Bildrand der Führerstuhl für die Bedienung im Sitzen; ganz rechts Führerbremsventil und außen Zusatzbremsventil. Außerdem sind zwei Heizscheiben montiert.

AUFNAHME: RZA MÜNCHEN, SAMMLUNG HEINZ KURZ

△ **Bild 59** • Führerstand II des elT 1900 b. Noch sind keine Heizscheiben montiert.

AUFNAHME: WERKFOTO BBC, SAMMLUNG HEINZ KURZ

△ **Bild 60** • Blick vom Einstiegsbereich im BPw4üKelT auf die Einstiegstür zwischen Küche (links) und Fahrgastraum (rechts).

Aufnahme: Werkfoto MAN, Sammlung Joachim Deppmeyer

gute Sichtmöglichkeiten bestanden. Für den Mittelgang stand eine Breite von 650 mm zur Verfügung. Der Fußboden der Fahrgasträume war mit Teppichboden, die Einstiegräume mit Kokosmatten ausgelegt. Die Fahrgastsitze waren als Doppelsessel mit Mittelarmlehne und als Einzelsessel ausgeführt. Zum Mittelgang hin waren die Sitze mit hochgezogenen Wangen gestaltet, die die Fahrgäste gegen durchgehende Reisende im Gang abschirmten. Die Sitzpolster aus Plüsch waren im Nichtraucherwagen a in blauer Farbe, in den Raucherabteilen b in grauer Farbe gehalten. Die Aschenbecher im Raucherbereich bestanden aus der Leichtmetalllegierung Hydronalium. Besonders auffällig waren die Nichtrauchersitze im Wagen elT 1902 b, die durch bunte Blumenmuster hervorstachen (sog. Gobelinstoff). Für jeden Sitz war wie schon erwähnt ein kleiner Klapptisch vorhanden, dessen Größe so bemessen war, dass die in der Küche zubereiteten Speisen und Getränke serviert werden konnten. Die Bewirtschaftung übernahm die MITROPA. Um den offenen Eindruck der Fahrgasträume durch Quergepäckablagen nicht zu stören, wurden die aus Leichtmetall gefertigten Ablagen über den Fenstern längs eingebaut. Die Tiefe dieser Ablagen betrug 420 mm, so dass auch größere Gepäckstücke abgelegt werden konnten. Gegen das Verrutschen der Gepäckstücke waren die Träger mit Gummileisten belegt.

Die Fenster mit der schon genannten Regelbreite von 1.400 mm ließen sich durch einen Kurbeltrieb an der Fensterunterkante öffnen und schließen. Sie lagen im geschlossenen Zustand nahezu bündig in der Seitenwand. Die Fensterrahmen bestanden aus Leichtmetall (Handelsname Hydronalium). Oberhalb der Fenster war eine Regenrinne zum Schutz der Fahrgäste angeordnet. Auf der Innenseite waren zum Schutz gegen Sonneneinstrahlung Vorhänge mit Streifenmuster angebracht.

Wände und Decken der Einstieg- und Fahrgasträume waren mit Sperrholzplatten und aufgeklebtem Holzfurnier aus Ahorn, Birke oder Birnbaum belegt. Entsprechend der Zeitströmung waren es deutsche Hölzer. Die Trennwände zwischen den Fahrgasträumen waren mit Intarsien deutscher Städte und Landschaften geschmückt. Vertreten waren Darstellungen aus allen Gebieten des damaligen Deutschen Reiches oder früher deutscher Städte wie z. B. Marienburg, Rostock, Danzig, Ulm, Lübeck, Mainz, Würzburg, Augsburg und München. Im elT 1902 b waren z. B. im Nichtraucherbereich (das ist der Bereich mit den geblümten Sitzen) Abbildungen des Mainzer Doms und der Feste Marienberg in Würzburg vertreten. Die Wände der Führerräume waren mit poliertem Eichenholz auf Sperrholzplatten verkleidet. Nach dem Krieg waren im Wagen b des ET 11 01 die Intarsien noch vollständig vorhanden.

In jedem Teilfahrzeug sorgten zwei Flettnerlüfter auf dem Dach und die Ventilationswirkung der Heizung für die Entlüftung der Innenräume. Flettnerlüfter gab es bei Schienenfahrzeugen in zwei Varianten. Die zum Beispiel bei Kühlwagen eingesetzte bekanntere Variante ist eine Kombination aus Windrad (das für den Antrieb sorgt) und Ventilator. Bei der weniger bekannten im ET 11 eingesetzten Variante ist ein Widerstandskörper im Bereich der Unterdruckzonen auf das Dach aufgesetzt, der über Saugöffnungen die verbrauchte Luft aus dem Wageninnern absaugt. Im Windkanal der Aerodynamischen Versuchsanstalt in Göttingen wurden beide Varianten des Flettnerlüfters auch im Vergleich zu anderen Bauarten wie dem Torpedolüfter, dem Grovelüfter oder dem Wendlerluftsauger zu Beginn der dreißiger Jahre untersucht.

Als Beleuchtung waren an der Decke der Fahrgasträume statt der bisher üblichen Kugelleuchten zwei längsliegende Lichtbalken mit einer Abdeckung aus Opalglas eingebaut. Als Leuchtkörper waren Glühlampen mit 15 W eingeschraubt, die bald zu Beschwerden der Fahrgäste führten, da sie den Raum nur unzureichend ausleuchteten, wie Messungen nach dem Krieg bestätigten.

Für die Trittstufen waren besondere Sicherheitsleuchten vorgesehen. Zur Beleuchtungsanlage gehörten auch die damals übliche Blaulicht- (mit 10-W-Glühlampen) und Schlaflichtbeleuchtung. Das Blaulicht konnte vom Triebwagenführer durch einen Schaltknopf auf dem Führertisch ein- und ausgeschaltet werden. An dieser Stelle ist darauf hinzuweisen, dass ab 17. Mai 1934 auf Anordnung der Hauptverwaltung in Berlin für Einheits-Wechselstrom-Triebwagen mit mehr als 90 km/h Höchstgeschwindigkeit neue Anforderungen für Triebwagenführer galten. Diese mussten eine handwerkliche Vorbildung aufweisen und daher aus dem Stand der Reservelokführer kommen. Bevorzugt wurden Anwärter mit elektrotechnischen Kenntnissen und einem Lebensalter unter 40 Jahren.

Während des Krieges wurde ebenso wie bei den Reisezugwagen als Schutz gegen Fliegerangriffe die Verdunkelungsschaltung eingeführt, damit die Fahrzeuge aus der Luft möglichst wenig erkennbar waren. Die Küche blieb davon ausgenommen, hier wurde die Verdunkelung durch Vorhänge erreicht.

6.2.1 Führerstand

Die während der Fahrt zu bedienenden Hebel und Druckknöpfe sowie die wichtigsten Anzeigeinstrumente waren im Blickfeld des Triebwagenführers so angeordnet, dass sie im Sitzen erreicht und beobachtet werden konnten. Im Führerraum war daher als Neuerung ein gepolsterter Sitz für den Triebwagenführer eingebaut. Zusatzeinrichtungen waren in einer Schalttafel an der Rückwand des Führerraumes zusammengefasst. Für den Begleiter war eine Ablage für dessen Papiere und Unterlagen und eine Pultleuchte vorhanden. Für die Beleuchtung des Führerraumes sorgten zwei Deckenleuchten, zusätzlich war die obligatorische Buchfahrplanleuchte vor-

△ **Bild 61** • Der Führerstand eines ET 11 wirkt recht spartanisch.

Aufnahme: Werkfoto MAN, Sammlung Joachim Deppmeyer

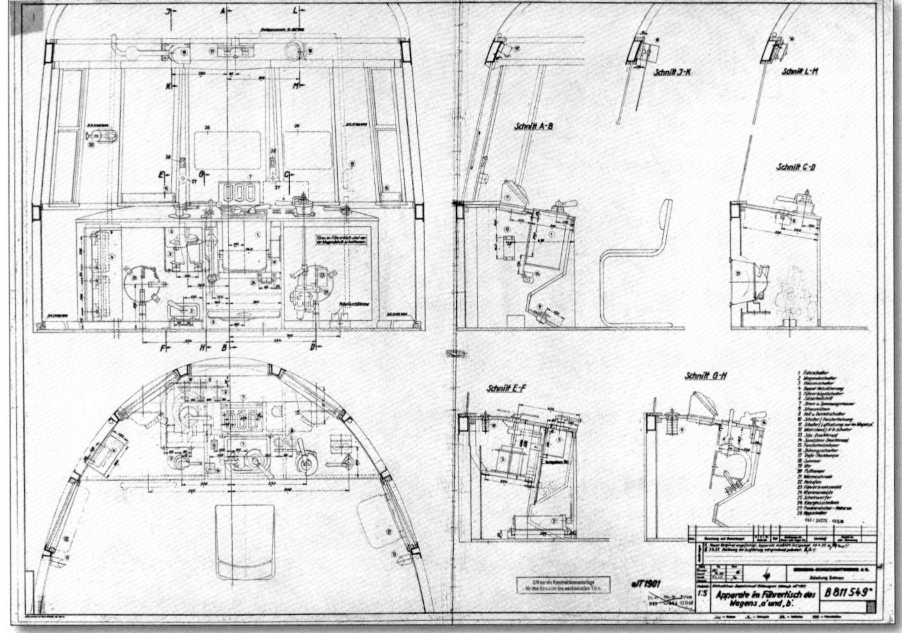

△ **Bild 62** • Apparate im Führertisch der Führerstände a und b. ABBILDUNG: SSW

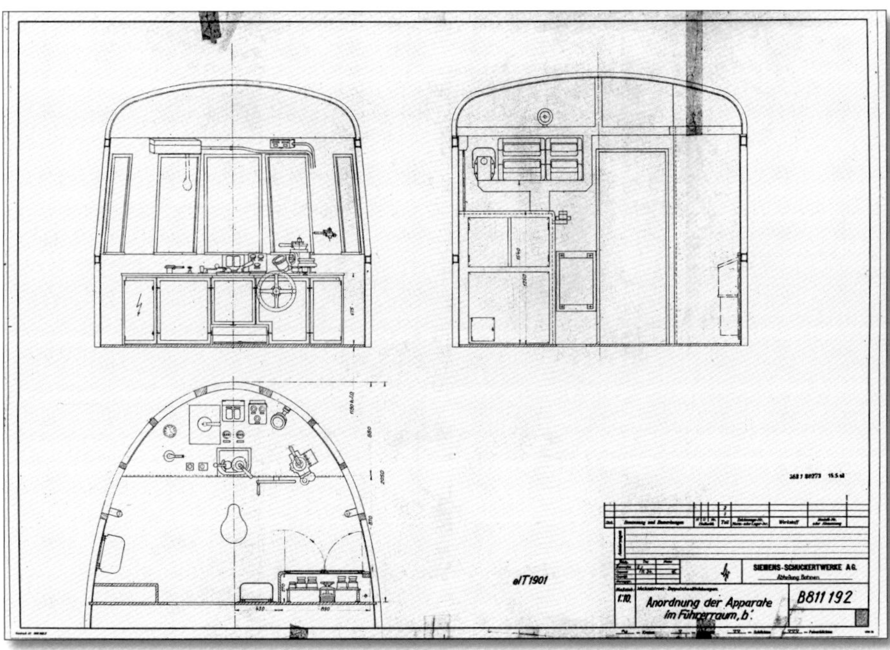

△ **Bild 63** • Anordnung der Apparate im Führerstand b. ABBILDUNG: SSW

handen. Vorgeschrieben war auch der Deuta-Geschwindigkeitsmesser und – damals noch üblich – der Aschenbecher im Führerraum.

Für den Triebwagen waren weiter zwei Tetra-Feuerlöscher im Führerraum (für Reisende nicht zugänglich) und zwei für die Reisenden erreichbare Nassfeuerlöscher vorgeschrieben.

6.2.2 Heizung

Wie bei der großen Mehrheit der damaligen Reisezugwagen betrug die Nennspannung der elektrischen Heizleitung wahlweise 800 oder 1000 V. Die elektrischen Heizregister unter dem Wagenfußboden konnten nur dann eingeschaltet werden, wenn auch die Heizlüfter liefen. Je nach Größe der Fahrgasträume betrug der Anschlusswert der Heizung zwischen 35 und 46 kW (Wagen a bzw. b). Die Heizungsanlagen in den beiden Wagenteilen a und b waren voneinander unabhängig, so dass es keine Heizkupplung zwischen den Wagen gab.

Die drei Triebwagen waren in den Fahrgasträumen mit Luftheizungen unterschiedlicher Bauart ausgerüstet, um im Betrieb Erfahrungen sammeln zu können. Wie bei den Antrieben beließ man der Industrie bei ihren Vorschlägen einen großen Freiraum. Die Deutsche Reichsbahn behielt sich nur die abschließende Freigabe der Industrievorschläge vor. Im elT 1900 baute BBC in Zusammenarbeit mit Pintsch eine Frischluftheizung ein, deren Heizregister aus dem elektrischen Bordnetz nominell mit 800 oder 1.000 V gespeist wurde. Für die anderen beiden Triebwagen wurde die ebenfalls elektrische Heizung von der Berliner Bewetterungs-Gesellschaft geliefert. In der Grundschaltung arbeitete auch diese Heizung mit Frischluft, konnte aber bei niedrigen Außentemperaturen auf teilweisen Umluftbetrieb geschaltet werden, um Energie zu sparen. Die Heizungsanlage konnte im Sommer auch ohne eingeschaltete Heizwiderstände als Belüftungsanlage genutzt werden. Beide Bauarten arbeiteten mit selbsttätiger Regelung in Abhängigkeit von der Innen- und Außentemperatur.

Die Ausblasöffnung des Heizregisters unter dem Wagen war gegabelt, so dass die beiden Warmluftkanäle in jeder Seitenwand auf kürzestem Wege angeschlossen werden konnten. Vom Warmluftkanal strömte die Luft über kurze Zweigkanäle zu den Ausblasöffnungen unter den Sitzen. Diese Öffnungen lagen etwa 150 mm über dem Boden und waren durch ein Gitter abgedeckt. Von dort strömte die Luft in Richtung des Mittelganges. Im Fahrgastraum entstand ein leichter Überdruck, so dass er an Fenstern und Türen weitgehend zugfrei blieb. Die Luft strömte durch die unvermeidlichen Undichtigkeiten ab, bei Bedarf konnten jedoch auch die beiden Flettner-Luftsauger auf dem Wagendach jedes Einzelwagens durch einen „Lüftungsschalter“ mit den Stellungen „Zu“ und „Auf“ zugeschaltet werden.

Für die Nebenräume waren Widerstandsheizkörper vorhanden, die unabhängig von der Luftheizung geschaltet wurden. Zu den Nebenräumen zählten die Einstiege und die beiden Aborte, Küche und Gepäckraum und die beiden Führerräume.

6.3 Übertragungselemente im Antrieb

Traditionell gehören in Deutschland die Antriebe zur elektrischen Ausrüstung. In den Verträgen zwischen Bahn und Industrie ist diese Abgrenzung auch kommerziell festgeschrieben. Bei den als Versuchstriebwagen beschafften elT 1900 bis elT 1902 sind die Antriebe jedoch ein wichtiges Unterscheidungsmerkmal. Daher wird ihnen in diesem Buch ein besonderes Kapitel gewidmet.

Die drei Triebwagen unterschieden sich wesentlich in ihren Antrieben. Als Versuchstriebwagen erwartete die Deutsche Reichsbahn von ihnen unterschiedliche Lösungen, um für künftige Serientriebwagen eine erprobte Lösung auswählen zu können.

Die Deutsche Reichsbahn-Gesellschaft machte in ihren Lieferbedingungen daher keine spezifischen Vorgaben über die Art der Leistungsübertragung und die Übertragungselemente. Die drei beauftragten Elektrofirmen AEG, BBC und SSW hatten also freie Hand bei der Ausgestaltung dieser für Schnellverkehrsfahrzeuge wichtigen Komponente. Sie hatten ihre eigenständigen Entwürfe lediglich dem RZA München zur Freigabe vorzulegen. Die Erwartungen der Deutschen Reichsbahn, die mit den Versuchstriebwagen auch im Antriebsbereich verknüpft waren, konnten sich auch kriegsbedingt nicht erfüllen. Es gab zu wenige Einsätze im oberen Geschwindigkeitsbereich bis 160 km/h, so dass abgesicherte Versuchsdaten nicht gewonnen werden konnten. Die Deutsche Reichsbahn war sich der Problematik im Antriebsbereich durchaus bewusst, für die Zahnradstufe mit Ritzel und Großrad hatte sie in den Lieferbedingungen eine auf zwei Jahre verlängerte Gewährleistung festgeschrieben.

Alle drei Firmen hatten in den Vorjahren bei der Lokomotiventwicklung unterschiedliche Lösungen für die Antriebsfrage gefunden, die sie jetzt auf die Triebwagenentwicklung zu übertragen versuchten. Dieser Übertragungsversuch hatte mit einigen Unwägbarkeiten zu kämpfen. Einer der Problempunkte waren die Größenverhältnisse. Bei den Lokomotiven sprach man von Raddurchmessern um 1.500 bis 1.600 mm, bei Triebwagen standen mit Rücksicht auf die Fußbodenhöhe nur etwa 1.000 mm bis 1.100 mm zur Verfügung. Auch wenn die Leistungen der Triebwagenmotoren kleiner waren, stellte der bei Triebwagen deutlich kleinere Einbauraum die Entwicklungsingenieure der Industrie vor erhebliche Herausforderungen.

Abgestimmt auf die unterschiedlichen Drehzahlen und Charakteristiken der verwendeten Antriebsmotoren hatten alle drei Triebwagen im Lieferzustand eine unterschiedliche Übersetzung, die der Anlage 1 entnommen werden kann.

6.3.1 Der Tatzlagerantrieb der Siemens-Schuckertwerke (SSW)

Der schon bei den Zossener Schnellfahrversuchen genannte Walter Reichel hatte nach 1903 die Hochschullaufbahn eingeschlagen, da die Preußische Staatsbahn eine mehrpolige Drehstromfahrleitung für nicht betriebstauglich hielt und Reichel eine weitere Tätigkeit im Sektor Eisenbahn für nicht aussichtsreich hielt. Er kehrte erst 1908 zu Siemens zurück, als sich das Einphasensystem in ersten Anwendungen durchsetzte.

Ende der zwanziger Jahre versuchten die SSW, unter der Leitung von Reichel – inzwischen zum Professor ernannt – den technisch einfachen und kostengünstigen Tatzlagerantrieb mit ungefederter Abstützung der Motor-Getriebe-Einheit auf der Radsatzwelle auch für schneller fahrende Lokomotiven einzusetzen. Reichel hatte hierfür schon 1895 wichtige Vorarbeiten geleistet. Vom Grundsatz her fand das die Unterstützung der Reichsbahn, die den bisher in größerem Umfang insbesondere bei preußischen Lokomotiven verwendeten Stangenantrieb nicht für die adäquate Antriebslösung für elektrische Triebfahrzeuge hielt. Die Deutsche Reichsbahn erteilte daher den Auftrag für zwei Probelokomotiven, die E 18 01 (später in E 15 01 umbenannt) und E 16 101, die im November 1927 und November 1928 geliefert wurden. Das geforderte Betriebsprogramm wurde von den Lokomotiven erfüllt. Die dynamischen Wirkungen des ungefederten Tatzlagerantriebs erwiesen sich jedoch als zu groß und bei schnell fahrenden Lokomotiven als nicht beherrschbar. Die Laufeigenschaften blieben auf Dauer unbefriedigend. Der Tatzlagerantrieb konnte sich daher bei der Deutschen Reichsbahn für schnell fahrende Lokomotiven nicht durchsetzen: bis hin zur E 19 wurden die Schnellzuglokomotiven mit dem voll abgefederten Hohlwellenantrieb nach AEG-Kleinow (Federtopfantrieb) ausgerüstet.

Dennoch bauten die SSW den Tatzlagerantrieb auch in den von ihnen ausgerüsteten elT 1901 ein. Einige Gründe sprachen dafür:

- mit rund 250 kW war die Leistung eines Fahrmotors deutlich kleiner als bei Lokomotiven mit mehr als der doppelten Leistung je Radsatz.
- Dementsprechend war die Masse der Motor-Getriebe-Einheit wesentlich kleiner und ihre dynamischen Auswirkungen bei höheren Fahrgeschwindigkeiten ebenfalls deutlich kleiner.
- Der einfache konstruktive Aufbau des Tatzlagerantriebes erlaubte kleinere Raddurchmesser mit geringerer Masse. So hatte der SSW-Triebwagen mit 950 mm Treibraddurchmesser den kleinsten Raddurchmesser aller drei Prototypen. Das wirkte sich letztlich auch im Preis aus.

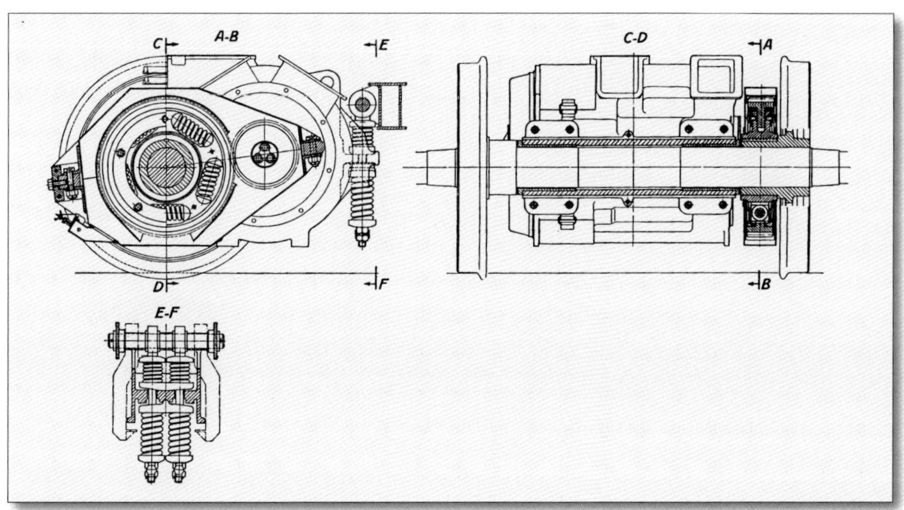

△ **Bild 64** • Schema Tatzlagerantrieb SSW. Abbildung: SSW, Sammlung Heinz Kurz

Der einseitig federnd im Drehgestell aufgehängte achtpolige Fahrmotor stützte sich ungefedert in Gleitlagern auf der Radsatzwelle ab. Das gefederte Großrad des einseitigen Antriebes war auf die verlängerte Nabe des Treibrades aufgepresst. Die beiden Radscheiben eines Radsatzes waren daher unterschiedlich ausgeführt. Durch die gefederte Aufhängung des Motor-Getriebe-Blockes am Kopfträger des Drehgestellrahmen war etwa die Hälfte des Motorgewichts federnd abgestützt. Bei der Lieferung sorgten Schraubenfedern in Doppelanordnung für die Abfederung, die von MAN nach kurzer Zeit durch Gummifedern ersetzt wurden. Beim Anfahren hatten sich bei Stahlschraubenfedern Ratterschwingungen gezeigt, die beim Einbau gefederter Großräder weitgehend vermieden wurden und beim Tausch der Stahl- gegen Gummifedern fast völlig verschwanden. Durch eine Fangvorrichtung war der Motor-Getriebe-Block gegen das Herabfallen gesichert. Motorritzel und Großrad waren für möglichst stoßfreien Eingriff über die gesamte Zahnbreite und für ruhigen Lauf schrägverzahnt. Der Schrägungswinkel betrug 6°. Er war bedingt durch den einseitigen Antrieb deutlich kleiner als bei Lokomotiven gewählt werden, um den einseitigen Axialschub auf den Motoranker in Grenzen zu halten. Bei Reichsbahn-Lokomotiven mit zweiseitigem Antrieb betrug der Schrägungswinkel etwa 22°. Im Betriebseinsatz bewährte sich der Tatzlagerantrieb im ET 11 deutlich besser als die Hohlwellenantriebe.

Als nach dem Krieg in Westdeutschland ein umfangreiches Elektrifizierungsprogramm mit finanzieller Unterstützung der Bundesländer aufgelegt und gleichzeitig ein Programm zur Beschaffung neuer Lokomotiven aufgestellt wurde, hielt SSW am Grundgedanken des Tatzlagerantriebes fest. Vor dem Hintergrund von Übertragungsleistungen von 1.000 kW je Radsatz und Fahrgeschwindigkeiten bis zu 150 km/h entwickelte SSW den Gummiringfederantrieb, den man als gefederten Tatzlagerantrieb bezeichnen kann. Fast alle Lokomotiven dieses neuen Programms erhielten den neuen SSW-Antrieb.

6.3.2 Der Buchli-Antrieb von Brown, Boveri & Cie. (BBC)

Die Firma BBC, die den elT 1900 mit ihrem für den Triebwageneinsatz angepassten Buchli-Antrieb ausrüstete, hatte mit diesem voll gefederten Antrieb zahlreiche Lokomotiven für die Schweiz ausgerüstet, die sich dort gut bewährten. In Deutschland hatte nur die Gruppenverwaltung der Deutschen Reichsbahn in Bayern für ihre Strecken schon 1923 die Lokomotiven der späteren Baureihe E 16 mit Buchli-Antrieb bestellt, die ab 1926 im Schnellzugeinsatz standen. Mit einem Treibraddurchmesser von 1.640 mm boten diese Lokomotiven auch ausreichend Platz für die Durchbildung des Antriebes.

Für den Triebwagen, der im Juli 1933 bestellt wurde, stand weniger Platz zur Verfügung. Der mit Lenkerstangen und Zahnsegmenten vielteilige Antrieb musste zudem, wie die Abbildung zeigt, die Radscheibe mit Öffnungen durchdringen. Der Raddurchmesser stieg dadurch auf einen deutlich höheren Wert als beim Tatzlagerantrieb von SSW und erreichte 1.100 mm.

Die im Motorgehäuse aus Stahlguss gleitgelagerte Hohlwelle war mit der Nabe des Großrades federnd verbunden. Die Federung übernahmen Federpilze, die in Aussparungen des Zahnkranzes eingriffen. Hohlwelle und Radsatzwelle waren mit einem Abstand von 35 mm eingebaut. Das gefederte Großrad und das Treibrad waren durch die schon genannten Lenkerstangen mit sphärischen Lagern und Zahnsegmente verbunden. Diese sorgten für den Ausgleich des Federspiels zwischen dem Radsatz und dem gefedert eingebauten Motor. Motorritzel und Großrad waren schrägverzahnt, der Schrägungswinkel betrug 8°. Anders als bei der Lokomotive E 16 waren die Gelenkstangen auf der Innenseite des Radsatzes angeordnet, da die Außenseite durch die Bremstrommeln belegt war. Für die beim Buchli-Antrieb notwendige Schmierung der Antriebsteile sorgte die vom Motor angetriebene separate Schmierpumpe.

Im ET 11 bewährte sich der Buchli-Antrieb nicht. Schon 1937 mussten neue Zahnradschutzkästen eingebaut werden; nach dem Krieg kam es mehrfach zu Brüchen der Lenkerstangen und zu Nacharbeiten bzw. Erneuerung bei den Hohlwellen, so dass der Antrieb 1954 durch den Tatzlagerantrieb mit neuem Fahrmotor ersetzt wurde (Datenübersicht in Anlage 2). Von diesem Zeitpunkt an hatte nur noch der ET 11 03 einen voll abgefederten Gestellmotor. Auch bei diesem bestand die Absicht, ihn gegen den Tatzlagerantrieb mit neuem geschweißten Motorgehäuse und neuem Getriebe zu tauschen. Die 1959 bevorstehende Ausmusterung des ET 11 03 machte diese Tauschabsicht hinfällig.

6.3.3 Der Federtopfantrieb der Allgemeinen Elektricitäts-Gesellschaft (AEG)

Für schnellfahrende Lokomotiven der Deutschen Reichsbahn war der von Walter Kleinow entwickelte Federtopfantrieb bis hin zur E 19 zum Standardantrieb geworden. Technisch einfacher als der Buchli-Antrieb zählt er zu den voll abgefederten Antrieben. Es war daher fast schon selbstverständlich, dass die AEG für den von ihr auszurüstenden Wagen elT 1902 diesen Antrieb vorschlug und realisierte.

Die im Motorgehäuse aus Stahlguss ebenfalls gleitgelagerte Hohlwelle trug beidseitig vier Ausleger, die die insgesamt acht Federtöpfe in vier Paaren gegen kräftig ausgebildete Anschläge der Radscheibe drückten und so das Drehmoment übertrugen. Der Zahnkranz des Großrades aus einem im Einsatz gehärteten Sonderstahl war auf die Hohlwelle aufgepresst. Wie bei den anderen Antrieben war das Großrad einseitig angeordnet, wie das Motorritzel schrägverzahnt, aber nicht gefedert, da die Federung im Antrieb selbst lag. Der Schrägungswinkel betrug 6°. Die Zahnräder mit Ölschmierung liefen in Schutzkästen aus Stahlguss. Die schon genannten vier sternförmigen Ausleger des Antriebes waren auf der Zahnradseite mit dem Zahnradkörper verschraubt, auf der Gegenseite nach der AEG-Montageanweisung mit der Hohlwelle verschweißt

Anders als bei den großrädrigen Lokomotivantrieben lagen bei den kleinrädrigen Triebwagenantrieben die Federtöpfe mit ihren Halterungen auf der Innenseite der Radscheiben.

Auch bei diesem Antrieb drangen Antriebselemente durch die Radscheiben, so dass auch hier der Raddurchmesser auf 1.100 mm angehoben werden musste. Die Radscheibendurchbrüche erwiesen sich später als problematische Sorgenkinder, sie führten noch lange nach dem Krieg zu einigen Radscheibenbrüchen.

Nach dem Radscheibenbruch vom 4. Juli 1950 wurde der Triebwagen zunächst abgestellt und im Dezember 1950 nach München zur Firma Rathgeber gebracht. Nach dem Einbau neuer Radscheiben mit neu gestalteten und besser ausgerundeten Ausschnitten kehrte der Wagen am 5. August 1951 zum Bw München Hbf zurück. Die AEG hatte für die neuen Radscheiben eine eigene Zeichnung erstellt, die 1952 in die DB-Zeichnung Fte.4.02.39/1 überführt wurde. Es konnte damit aber die Anrissgefahr nicht völlig beseitigt werden. Ein zweiter spektakulärer Bruch ereignete sich im März 1953. Die Untersuchung ergab, dass alle Radscheiben Anrisse aufwiesen, die nicht geschweißt werden konnten. Es mussten daher wieder neue nochmals verstärkte Radscheiben beschafft werden.

Die Druckflächen als Gegenpart zu den kraftübertragenden acht Federtöpfen mussten im Betrieb geschmiert werden, so dass eine Verschmutzung durch Ölnebel zu den Begleiterscheinungen dieser Antriebsart zählte. Der Verschleiß der Druckflächen war aber minimal.

Der Hohlwellenantrieb von AEG-Kleinow wurde versuchsweise auch bei der großen französischen Schnellzuglokomotive der Achsfolge 2'D2' in Verbindung mit Doppelmotoren erprobt. Die SNCF misstraute aber dem Presssitz zwischen Zahnrad

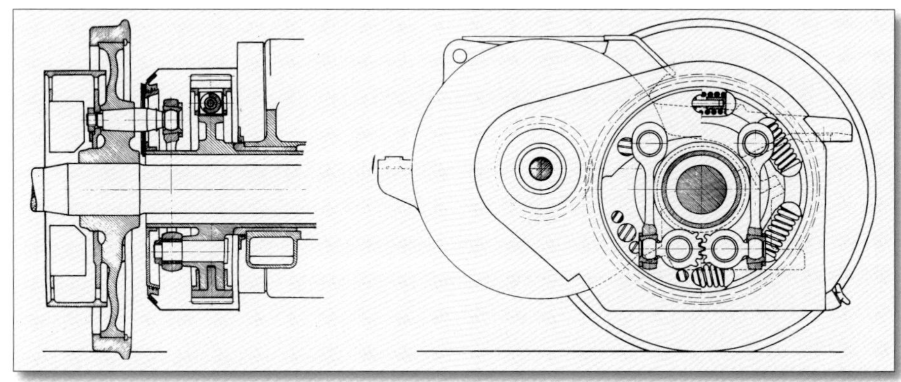

△ **Bild 65** • Schema Buchli-Antrieb BBC. Abbildung: BBC, Sammlung Heinz Kurz

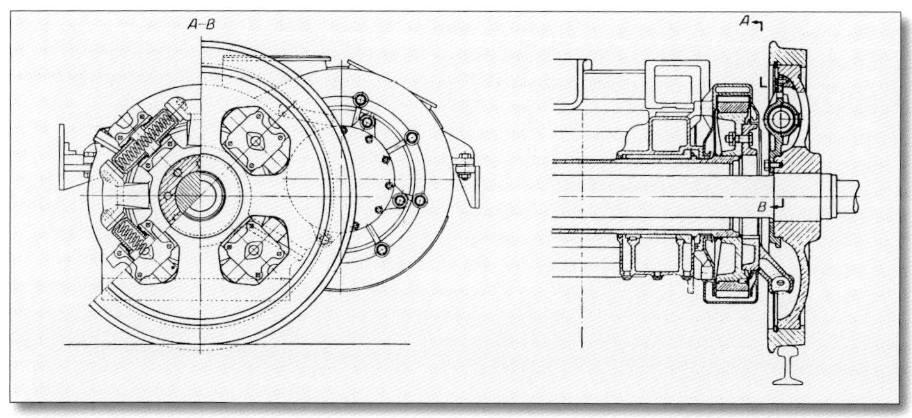

△ **Bild 66** • Schema Federtopfantrieb AEG. ABBILDUNG: AEG, SAMMLUNG HEINZ KURZ

und Radkörper und befestigte den einteiligen Zahnkranz aus Chrom-Nickel-Stahl mit Druckring, Schraubbolzen und Schwalbenschwanz auf dem Radkörper. Eines der beiden Ritzel der französischen Lokomotive mit Doppelmotoren war in Umfangsrichtung einstellbar, so dass der Axialschub infolge der Schrägverzahnung ausgeglichen werden konnte.

Auch beim ET 11 02 mit Tatzlagerantrieb, der sich insgesamt gut bewährte, zeigten sich Anrisse, die jedoch auf ungenügende Ausrundung zwischen Nabe und Radscheibe zurückgeführt wurden.

6.4 Elektrische Ausrüstung

Mit der Einführung der Einheits-Wechselstromtriebwagen der späteren Baureihen ET 25 und ET 31 hatte die Deutsche Reichsbahn zusammen mit den Firmen AEG und BBC einen bedeutsamen Schritt in Richtung Standardisierung der elektrischen Ausrüstung getan. Es war daher verständlich, dass die Lieferbedingungen für den neuen Schnelltriebwagen vorschrieben, die Verwendbarkeit der neu eingeführten Einheitsbauteile zu prüfen.

Die elektrische Ausrüstung des Schnelltriebwagens elT 19 leitet sich daher in den wesentlichen Teilen vom Einheits-Wechselstromtriebwagen elT 18 ab (1941 in ET 25 umgezeichnet). Das hatte den Vorteil, dass bei der Instandhaltung in den Ausbesserungs- und Betriebswerken der Deutschen Reichsbahn auf gleichartige Teile zurückgegriffen werden konnte. Fast alle Bauteile waren in den Drehgestellen oder unterflur angeordnet, so dass oberflur möglichst wenig Nutzfläche für die Ausrüstung beansprucht wurde. Die Scherenstromabnehmer am Kurzkuppelende und ihre Dachleitungen waren durch eine Hochspannungskupplung verbunden, so dass die elektrische Ausrüstung im Störungsfall von einem Stromabnehmer versorgt werden konnte.

6.4.1 Stromabnehmer

Die bei der Deutschen Reichsbahn bisher eingesetzten Stromabnehmer gehörten überwiegend zu den Bauarten SBS 9 und SBS 10. Die aus Stahlrohren bestehenden Bauteile unterschieden sich durch querliegende Glockenisolatoren beim SBS 9 bzw. längsliegende Rillenisolatoren beim SBS 10. Für die Stromabnehmer der neuen Schnelltriebwagen wurden neue Wege beschritten. Die Stromabnehmer der drei Triebwagen waren über dem Laufdrehgestell in der Nähe der am Kurzkuppelende liegenden Hochspannungskammer aufgebaut und weitgehend aus Leichtmetall hergestellt. Die elT 1900 und elT 1902 hatten HISW-Stromabnehmer der AEG-Bauart, 1901 hatte einen SBS 36 mit Aluminium-Schleifstück nach der SSW-Zeichnung B 730 390. Auf der Zeichnung wurde er als Scherenstromabnehmer für hohe Geschwindigkeit bezeichnet. 1941 erhielt er neue Oberscheren mit dem inzwischen eingeführten Kohleschleifstück. Die Stromabnehmer waren von der bei der Deutschen Reichsbahn verbreiteten Bauart HISE nach AEG-Zeichnung B 3374 mit längs liegenden Rillenisolatoren abgeleitet. Die beiden Hubfedern der Stromabnehmer wurden durch Druckluft gespannt. Bei fehlendem Druck im Hauptluftbehälter ließ sich der Stromabnehmer im a-Wagen durch eine Handluftpumpe an den Fahrdraht anlegen und so nach dem Anlaufen des Luftverdichters der Hauptluftbehälter wieder auffüllen. Die Lieferbedingungen schrieben vor, dass ein Stromabnehmer mit der Handluftpumpe nach spätestens 20 Sekunden am Fahrdraht anliegen musste. Für die Stromabnehmer wurden unterschiedliche austauschbare Schleifstücke mitgeliefert. Die Schleifstücke mit einer Wippenbreite von zunächst 2.100 mm bestanden aus Aluminium. Die Oberscheren der Stromabnehmer waren durch waagerechte Streben verbunden. Das Schleifstück wurde durch zwei Federn stabilisiert. Die Druckluftleitung für das Spannen der Hubfedern war über einen Isolator geführt. Wie bei Triebwagen üblich, gab es keinen Hauptschalter zur Abschaltung eines fahrzeugseitigen Kurzschlusses, sondern eine Hochspannungssicherung mit einer Abschaltschwelle von 60 A, die jeweils in einer Hochspannungskammer am Kurzkuppelende des Triebwagens eingebaut war. Die vom Wageninneren aus zugängliche Kammer konnte nur bei gesenktem Stromabnehmer geöffnet werden. Ein schadhafter Stromabnehmer konnte durch einen handbetätigten Trennschalter von der gemeinsamen Dachleitung abgetrennt werden.

Im Lieferzustand war bei einem der beiden SSW-Stromabnehmer des elT 1901 der obere Teil aus Stahlrohr hergestellt, beim anderen nach [10] aus Bondur mit Gelenkstücken aus Silumin-Formguss. Silumin ist eine Aluminiumlegierung mit 13 % Siliciumgehalt und war ab den dreißiger Jahren der bevorzugte Werkstoff für Gussteile aus Leichtmetall, z. B. auch für Gehäuse oder Ölwannen für Dieselmotoren. Die kurzen Hochspannungsleitungen auf dem Dach waren mit grünen Isolatoren abgestützt.

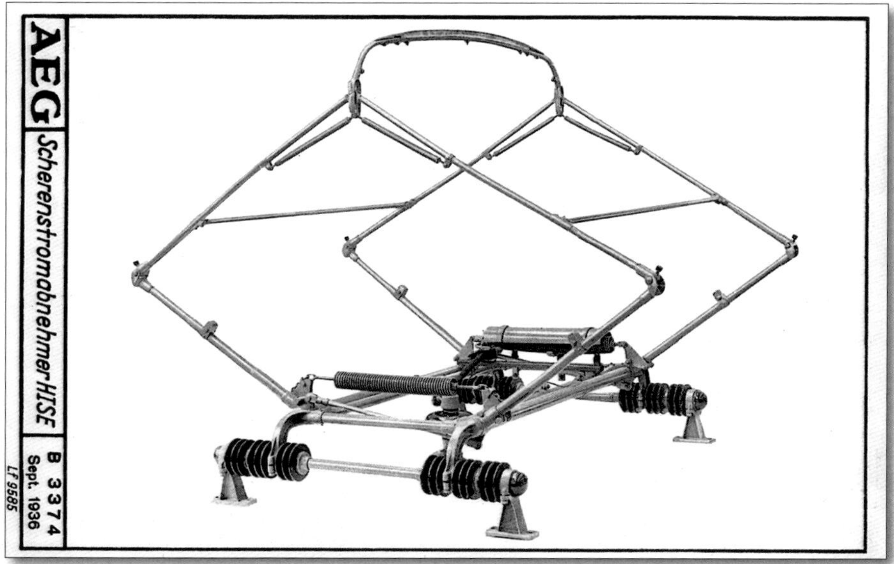

△ **Bild 67** • HISE-Stromabnehmer mit Alu-Schleifstück. AUFNAHME: WERKFOTO AEG, SAMMLUNG HEINZ KURZ

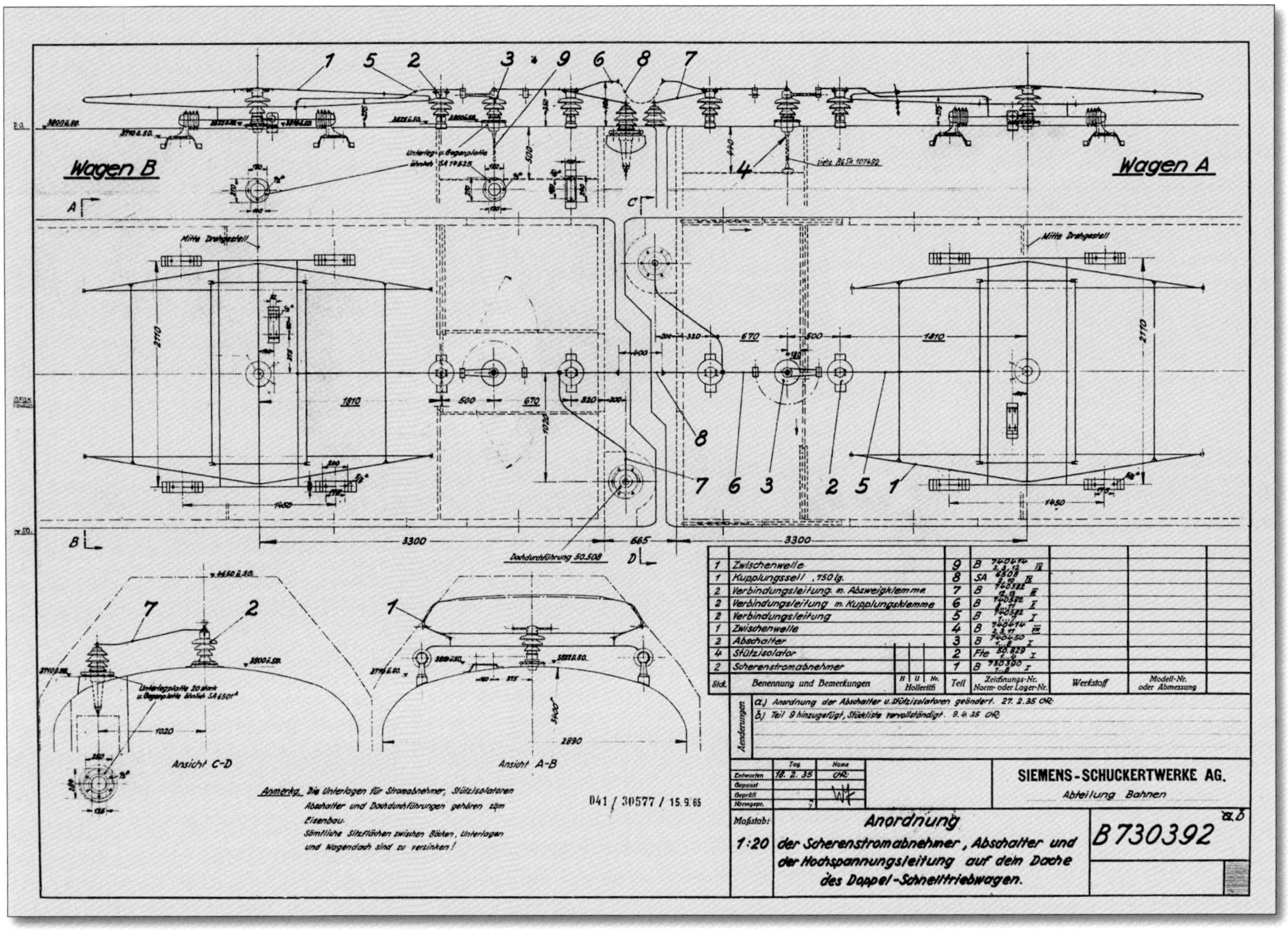

Wagen B
Wagen A
Mitte Drehgestell
Ansicht C-D
Ansicht A-B
Dachdurchführung 50.508
Anmerkg. Die Unterlagen für Stromabnehmer, Stützisolatoren Abschalter und Dachdurchführungen gehören zum Eisenbau.
Sämtliche Sitzflächen zwischen Böcken, Unterlagen und Wagendach sind zu verzinken!
041 / 30577 / 15.9.65
1 Zwischenwelle 9 B 740414
1 Kupplungsseil, 750 lg. 8 SA 6508
2 Verbindungsleitung m. Abzweigklemme 7 B 740582
2 Verbindungsleitung m. Kupplungsklemme 6 B 740582
2 Verbindungsleitung 5 B 740582
1 Zwischenwelle 4 B 740414
2 Abschalter 3 B 740450
4 Stützisolator 2 Fte 50.829
2 Scherenstromabnehmer 1 B 730390
Stck. Benennung und Bemerkungen Hollerith Teil Zeichnungs-Nr. Norm- oder Lager-Nr. Werkstoff Modell-Nr. oder Abmessung
Aenderungen
a.) Anordnung der Abschalter u. Stützisolatoren geändert. 27. 2. 35 CHR
b.) Teil 9 hinzugefügt, Stückliste vervollständigt. 9. 4. 35 CHR
Entworfen 18. 2. 35 CHR
Gepaust
Geprüft
Normgepr.
SIEMENS-SCHUCKERTWERKE AG.
Abteilung Bahnen
Maßstab: 1:20
Anordnung der Scherenstromabnehmer, Abschalter und der Hochspannungsleitung auf dem Dache des Doppel-Schnelltriebwagen.
B 730392 a b

△ **Bild 68** • Dachausrüstung und Hochspannungsleitungen beim elT 1901.

ABBILDUNG: SIEMENS, SAMMLUNG WOLFGANG-D. RICHTER

AEG

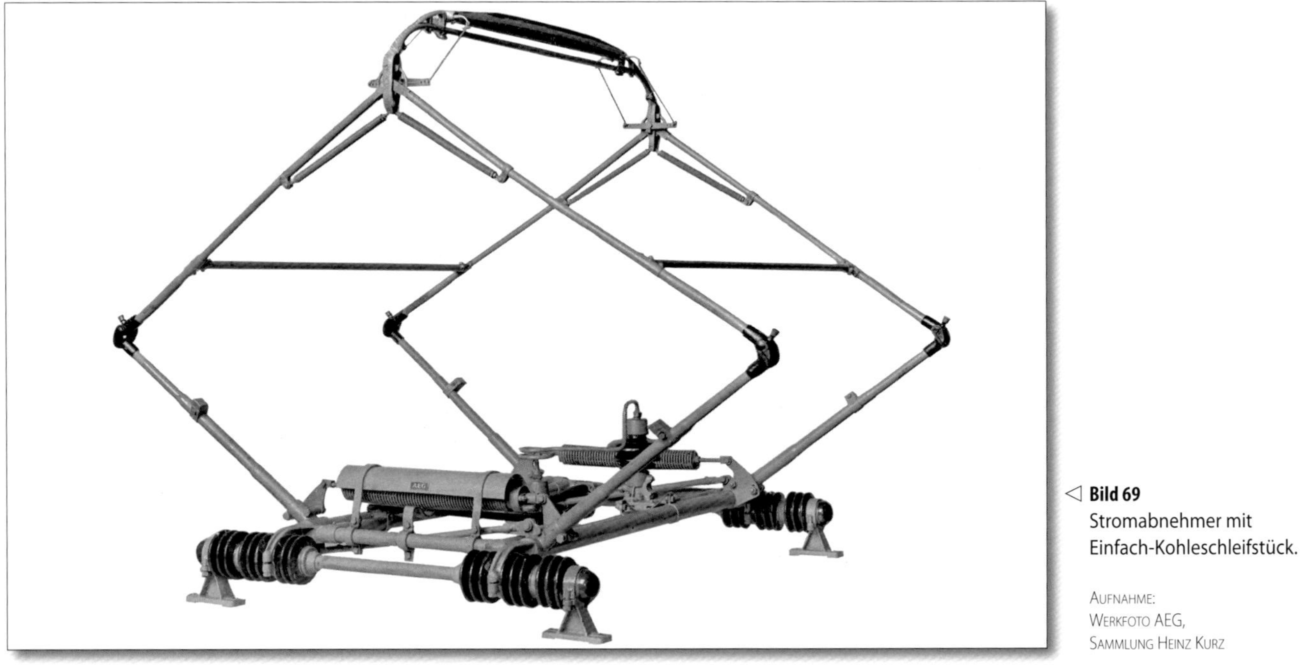

◁ **Bild 69**
Stromabnehmer mit Einfach-Kohleschleifstück.

AUFNAHME: WERKFOTO AEG, SAMMLUNG HEINZ KURZ

Für Arbeiten am Stromabnehmer konnte das Dach mit einer klappbaren Leiter bestiegen werden, die im Wagen untergebracht war. Die Einhängestelle am Dach war mit Blitzpfeil gekennzeichnet und verfügte über einen Handgriff.

Es wurde schon in der Baubeschreibung des wagenbaulichen Teils erwähnt, dass die Kopfform des Triebwagens im Windkanal optimiert wurde. Die erstmals für elektrische Triebwagen vorgesehene Höchstgeschwindigkeit von 160 km/h veranlasste die Reichsbahndirektion München, die aerodynamischen Auswirkungen des Stromabnehmers ebenfalls im Friedrichshafener Windkanal in den Jahren 1934 und 1935 zu untersuchen. Ebenso wie das Holzmodell des ET 11 als Ganzes war auch der Stromabnehmer im Verkleinerungsmaßstab 1 : 2,5 gebaut worden. Die Messungen wurden mit Luftgeschwindigkeiten bis 44 m/s entsprechend 160 km/h durchgeführt. Das Bild zeigt die Anordnung des Stromabnehmers im Windkanal. Neben Stromabnehmern mit konventionell zylindrischen und versuchsweise profilierten Rohren und Streben (zur Verringerung des Luftwiderstandes) ließ die

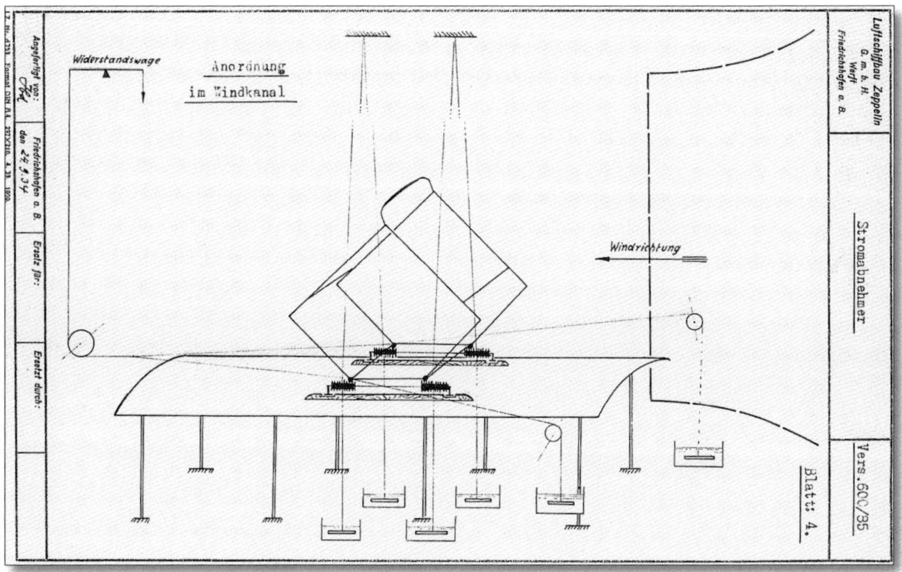

△ **Bild 70** • Anordnung des Stromabnehmers im Windkanal. Abbildung: BArchiv

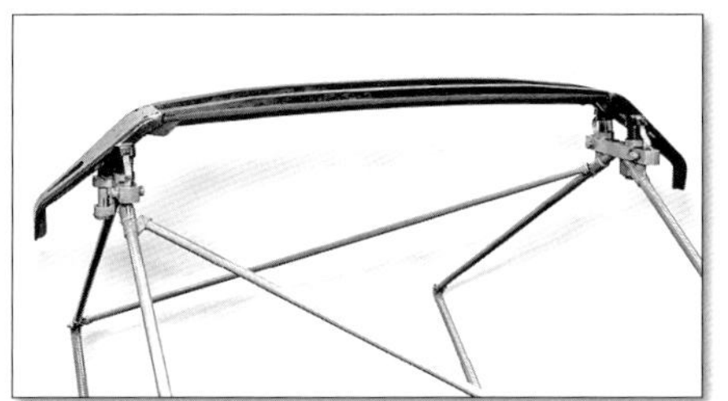

△ **Bild 71** • Stromabnehmer mit Doppelschleifstück und Geradführung der Wippe für E 19. Aufnahme: Werkfoto SSW, Sammlung Heinz Kurz

Reichsbahn auch einen von der AEG entworfenen Stromabnehmer mit einer unterhalb der Wippe des Stromabnehmers (damals noch „Bügel" genannt) montierten Klappe untersuchen. Die Klappe sollte durch den Fahrtwind einen Auftrieb erzeugen, der geschwindigkeitsabhängig den Anpressdruck des Stromabnehmers an den Fahrdraht erhöhen sollte. Die Wirkung stellte sich zwar ein, war aber höher als erwartet und erwünscht, so dass dieser Weg auch nach dem Krieg beim Einheitsstromabnehmer DBS 54 nicht weiter verfolgt wurde.

Die beiden Elektrofirmen AEG und SSW betrieben die Weiterentwicklung der Stromabnehmer zeitweise in eigener Regie. AEG ersetzte die zylindrischen Rohre in den Ober- und Unterscheren und Horizontalstreben durch elliptische Rohrabschnitte, um den Luftwiderstand zu verringern. Das Aluminium-Schleifstück war durch ein Einfach-Kohleschleifstück ersetzt worden. Siemens beschritt für die elektrische Lokomotive E 19 den Weg zum Kohle-Doppelschleifstück mit Geradführung der Wippe, der nach dem Krieg zum Einheitsstromabnehmer DBS 54 mit Doppelschleifstück führte. Wie beim SBS 39 ragten bei der E 19 die Auflaufhörner des Doppelschleifstücks über die Oberschere hinaus, die beidseitig mit Diagonalstreben ausgerüstet war.

6.4.2 Transformator

Der ölgekühlte Traktionstransformator in Sparschaltung war an den beiden Hauptquerträgern des Untergestells über dem Triebdrehgestell aufgehängt und ragte in dieses hinein und sorgte damit für eine ausreichende Reibungsmasse. Für die Aufhängung des Transformators gab es Notfangeisen, die das Abstürzen verhindern sollten. Der Wagenkasten konnte zusammen mit dem Transformator von den Drehgestellen abgehoben werden, ohne dass Konstruktionselemente gelöst werden mussten. Die Unterspannungswicklung verfügte über zwölf Anzapfungen für die Speisung der Fahrmotoren, zwei weitere Anzapfungen versorgten die Heizung mit 800 bzw. 999 V, eine weitere mit 200 V speiste die Steuerstromkreise. Die Kühlung des Transformators übernahmen außen liegende Ölrohre an den Stirn- und Seitenwänden des Transformatorkessels, die durch den Fahrtwind gekühlt wurden. Auf Ölzwangsumlauf und Fremdbelüftung des Transformators wurde verzichtet.

Jeder der beiden Transformatoren weist die folgenden Hauptdaten auf:

	elT 1900	**elT 1901**	**elT 1902**
Masse	2.910 kg	3.130 kg	3.400 kg
Ölfüllung	270 kg	450 kg	480 kg
Dauerleistung	410 kVA	390 kVA	390 kVA
Heizleistung	90 kW	90 kW	90 kW

Die (Mindest-)Heizleistung je Halbwagen betrug nach den Lieferbedingungen von 1935 45 kW. Die Transformatoren entsprachen der jeweiligen Firmenbauart. Der BBC-Transformator TRB spezial entsprach der Mantelbauart mit Scheibenwicklung. Der SSW-Transformator ELT 12a hatte ebenfalls Scheibenwicklung, aber mit liegendem Kern und der dritte Triebwagen den AEG-Transformator BLT 109 ebenfalls in Kernbauweise. Als Betriebsanzeige für die Transformatoren im a- und b-Wagen waren zwei Glimmlampen im Führertisch eingebaut.

6.4.3 Steuerstrom, Schaltwerk und Fahrschalter

Die Steuerstromkreise wurden von der 200-V-Anzapfung des Transformators gespeist, sie waren durch eine 25-A-Sicherung geschützt. Über einen Wahlschalter konnte der Steuerstrom aus dem a-Teil oder b-Teil des Triebwagens entnommen werden. Die Fahrzeugsteuerung musste bis zu einer Fahrdrahtspannung von noch

△ **Bild 72** • Transformator ELT 11 für Einheits-Wechselstrom-Doppeltriebwagen, der im Schnelltriebwagen eingebaute Transformator BLT 109 war von gleicher Bauart. Aufnahme: Werkfoto AEG, Sammlung Heinz Kurz

10,5 kV zuverlässig arbeiten. Die Steuerung konnte auch im Stillstand des Fahrzeuges mit 200 V ohne 15-kV-Anschluss über Prüfdosen und Prüfumschalter im a-Teil aus einer stationären Schuppenspannungsanlage gespeist werden. Dadurch war es möglich, praktisch gefahrlos ohne Hochspannungseinspeisung alle Steuerstromkreise des Triebwagens durchzuprüfen. Die einpolige Prüfsteckdose war für einen Nennstrom von 300 A ausgelegt.

Die beiden ständig in Reihe geschalteten Fahrmotoren einer Motorgruppe (d. h. eines Triebdrehgestells) wurden durch ein zwölfstufiges Nockenschaltwerk in Verbindung mit einem Stromteiler angesteuert. Die Schaltung glich grundsätzlich den elT 18, dem späteren ET 25, die konstruktive Ausführung war jedoch von den drei Elektrofirmen unterschiedlich gestaltet worden:

BBC (elT 1900)	Nockenschaltwerk 401.4 NDF, Antrieb durch Gleichstrom-Drehmagnet mit 24-V-Spule
SSW (elT 1901)	Nockenschaltwerk ENW 4, Form 3; Antrieb durch Gleichstrommotor mit Auf-Ab-Relais
AEG (elT 1902)	Nockenschaltwerk ENW 6, Form 3; Antrieb durch Wechselstrom-Steuermotor mit Klinkmagnet.

Bei AEG und SSW hatten die Schaltkontakte die üblichen Funkenblasspulen, die beim Öffnen der Kontakte die Schaltfunken erlöschen ließen. Bei BBC sorgte eine besondere Form der Schaltkontakte auch ohne Blasspule für das Abreißen des Schaltfunkens.

Die Kontakte der Richtungswender, also der „Schalter“ für Vor- und Rückwärtsfahrt, waren beim BBC-Wagen doppelpolig ausgeführt; sie wurden elektromagnetisch durch 24-V-Spulen betätigt. Beim Schließen der Kontakte wurde eine Feder gespannt, die die Kontakte beim Öffnen trennte. AEG und SSW setzten für jede Motorgruppe vier elektromagnetische Schütze ein. Die Richtungswender dienten gleichzeitig als Hauptschütz, das den Motorstrom bei Auslösung der Überwachungsrelais unterbrach (Erdstrom-, Motorüberstrom- und Nullspannungsrelais). Nach einer Fahrstromunterbrechung war beim AEG-Schaltwerk ein besonderer Nullstellungszwang vorhanden, der das Schaltwerk in die Nullstellung zurücklaufen ließ und die Fahrmotoren stromlos schaltete. Die Gleichstrom-Drehmagnete und Antriebsmotoren der BBC- und SSW-Schaltwerke liefen bei Nullspannung ebenfalls selbsttätig in die Nullstellung zurück. Kehrte die Fahrspannung zurück, ließ sich der Strom nur bei Nullstellung des Schaltwerks wieder einschalten.

Der Fahrschalter mit vier Stellungen hatte neben der Nullstellung drei Betriebsstellungen: Ab – Fahrt – Auf. In der Stellung „Auf“ wurde abhängig vom Motorstrom über ein Fortschaltrelais ohne eine Handlung des Triebwagenführers auf die nächste Fahrstufe weitergeschaltet. Unterschritt der Motorstrom den festgelegten Ansprechwert, wurde auf die nächste Fahrstufe geschaltet. Schleuderte einer der vier Fahrmotoren, sorgte ein Schleuderschutzrelais für das Abwärtslaufen des Schaltwerks.

Die Steuerung war so ausgelegt, dass vom führenden Triebwagen beide Antriebsanlagen angesteuert werden konnten. Da im Lieferzustand keine Mehrfachsteuerung vorhanden war, konnte ein zweiter Triebwagen nicht vom führenden Triebwagen aus gesteuert werden. Auch die fehlende „normale“ Zug- und Stoßeinrichtung verhinderte den Einsatz von gekuppelten Triebwagen.

6.4.4 Fahrmotor

Für die Berechnung der erforderlichen Leistung des Fahrzeuges wurde in den Technischen Lieferbedingungen die Fahrwiderstandsformel explizit vorgegeben. Nach dem damaligen Stand der Wissenschaft war der Fahrwiderstand abhängig von der Fahrzeugmasse, dem Quadrat der Fahrgeschwindigkeit, der Querschnittsfläche einschließlich der Dachaufbauten und einem Formfaktor, der die mehr eckige oder mehr abgerundete Kopfform berücksichtigte. Für die Widerstandserhöhung durch Seitenwind war ein Zuschlag zur Fahrgeschwindigkeit von 12 km/h zu berücksichtigen. Für die nominelle Höchstgeschwindigkeit von 160 km/h war in den mathematischen Formeln also ein Wert von 172 km/h einzusetzen. Eine Anhängelast war nicht vorzusehen, die mechanischen Verluste im Triebwerk waren mit 4 % anzusetzen. Die anbietenden Firmen mussten die Funktion der elektrischen Ausrüstung noch bei einer Fahrdrahtspannung von 10,5 kV (Nennspannung 15 kV) gewährleisten.

Alle Firmen verwendeten selbstbelüftete Wechselstrom-Reihenschlussmotoren mit Wendepol- und Kompensationswicklung. Erstere sollte der Ankerrückwirkung entgegenwirken und dadurch die Kommutierung beim Nulldurchgang des Stromes sicherstellen, letztere sollte die Spannungsunterschiede zwischen zwei nebeneinander liegenden Lamellen des Kommutators verringern und dadurch die Lichtbogenbildung (sog. Rundfeuer am Kommutator) und den damit verbundenen Verschleiß unterdrücken. Das Lüfterrad war auf der Kommutatorseite angeordnet und saugte die Kühlluft durch den Fahrmotor. Die Ansauggitter der Bauart Schweiger für die Kühlluft lagen in der Nähe der Triebdrehgestelle über den Einstiegtüren und sorgten so für das Ansaugen möglichst staubfreier Kühlluft. Alle Motoren waren für eine größte Klemmenspannung von 433 V ausgelegt. Der Anker lief in fettgeschmierten Rollenlagern, die in den Lieferbedingungen vorgeschrieben waren.

△ **Bild 73** • Fahrmotor EDTM 494/V (BBC). Aufn.: BBC/RZA München, Sammlung Heinz Kurz

△ **Bild 74** • Fahrmotor ELM 10a/1. Aufnahme: Werkfoto AEG

△ **Bild 75** • Federtopfantrieb für E 04. AUFNAHME: RZA MÜNCHEN, SAMMLUNG HEINZ KURZ

△ **Bild 76** • Federtopfantrieb für E 04, mit Luftkanal. AUFN.: RZA MÜNCHEN, SLG. HEINZ KURZ

△ **Bild 77** • Federtopfantrieb für ET 11 03 mit den innenliegenden Federtöpfen. AUFNAHME: WERKFOTO AEG

△ **Bild 78** • Treibradsatz für ET 11 03. AUFNAHME: WERKFOTO AEG

△ **Bild 80** • Getriebe für Federtopfantrieb, Ritzel mit 28 Zähnen (Lieferzustand). AUFNAHME: AEG

◁ **Bild 79** • Federtopfantrieb für E 21⁰ mit Doppelmotor. AUFN.: RZA MÜNCHEN, SLG. H. KURZ

Bei der Fettauswahl waren die Erfahrungen der Deutschen Reichsbahn und der Wälzlagerfirmen zu berücksichtigen.

BBC entwickelte für den Schnelltriebwagen den zehnpoligen ELM 613 H mit höherer Leistung als im elT 1901 und elT 1902. Da der elT 1900 der leichteste der drei Triebwagen war, verfügte er dank seines überlastungsfähigen Motors über die besten Beschleunigungswerte. Folgt man den Ergebnissen der Messfahrten, hatte er nach 2,5 Minuten oder 4.000 m Anfahrweg die Höchstgeschwindigkeit von 160 km/h erreicht. Das Merkbuch der Deutschen Reichsbahn für elektrische Triebfahrzeuge von 1941 (DV 939 c) enthält leider keine Angaben über die Motorbauart. Der vom Reichsbahn-Zentralamt in Göttingen 1948 unter der Drucksachennummer 999 400 als Notdruck herausgegebene Auszug aus dem Merkbuch für die Fahrzeuge der Reichsbahn enthält zwar die Daten der wichtigsten elektrischen Lokomotiven der Vorkriegsbauarten, jedoch keine Angaben über die Triebwagen. Auch die Kurzbeschreibung der Deutschen Bundesbahn [4] schweigt sich über die eingebauten Fahrmotoren aus. Nach [10], einer als verlässlich einzustufenden Quelle, waren nach dem Krieg nach dem Umbau auf Tatzlagerantrieb vier achtpolige BBC-Motoren EDTM 494 nach der Bauartvariante V (römisch V) eingebaut. Diese Motoren waren zuvor auch in ET 31 eingebaut gewesen.

SSW übernahm den achtpoligen Motor ELM 10 a, der auch im elT 18 eingebaut und eine Gemeinschaftsentwicklung von AEG und SSW war. AEG musste das Gehäuse dieses Motors für den Hohlwellenantrieb umgestalten und änderte die Bezeichnung in ELM 10 a-1.

Im Merkbuch für die Fahrzeuge der Reichsbahn (Ausgabe 1941) werden für den Fahrmotor folgende Daten angegeben, die in der Tabelle 1 (rechte Spalte) aufgeführt sind.

Die genannte Motordrehzahl gilt für halb abgenutzte Radreifen, die Motormasse versteht sich ohne Getriebe und ohne Zahnradschutzkasten. Die Schleuderdrehzahl war als 25 % über der Maximaldrehzahl definiert und musste nach den Lieferbedingungen über zwei Minuten ertragen werden.

6.4.5 Führerstandsausrüstung

Neben den Anzeige- und Überwachungseinrichtungen für die Bremse umfasste die Führerstandsausrüstung insbesondere die Überwachung der elektrischen Ausrüstung. Dazu zählten:

- die Fahrdrahtspannung und der Oberstrom einer Fahrmotorgruppe,
- der sog. Führerbügelschalter zum Heben und Senken der Stromabnehmer,
- der Zugheizschalter,
- die schon genannten Glimmlampen für den Transformator a bzw. b.
- Fahrschalter und Richtungshebel,
- der Deuta-Geschwindigkeitsmesser, davon einer mit Kilometerzähler.

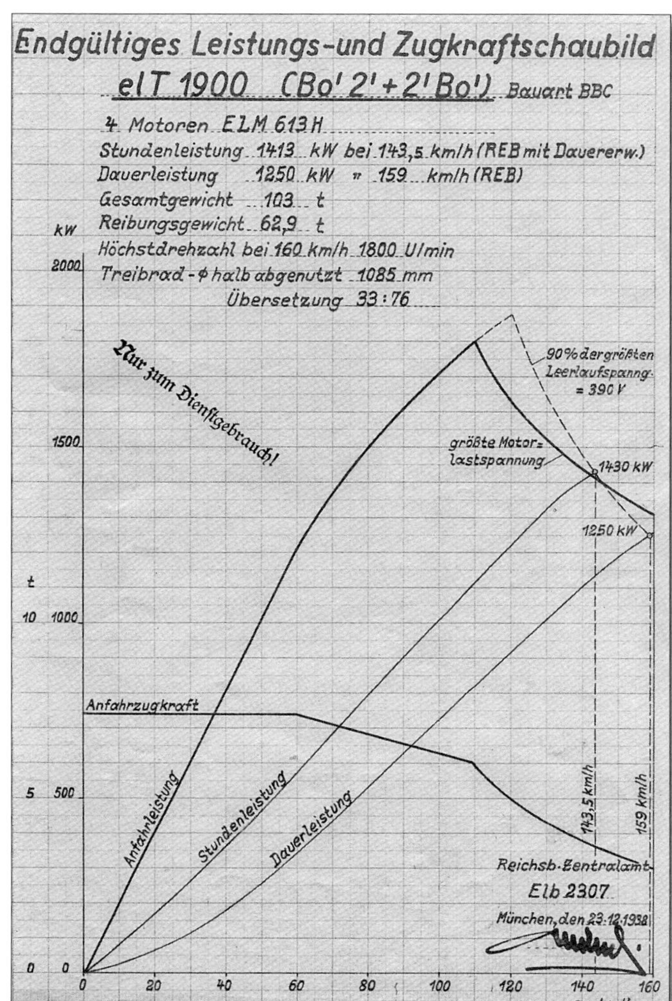

△ **Bild 81** • Z-V-Diagramm elT 1900. ABBILDUNG: SAMMLUNG R. LUTTERBACH

Tabelle 1: Daten für die Motoren

	elT 1900	elT 1901	elT 1902
Stundenleistung	353 kW	255 kW	255 kW
Dauerleistung	312 kW	230 kW	239 kW
Dauergeschwindigkeit	159 km/h	143 km/h	143 km/h
Größte Motordrehzahl	1.800 U/min	1.920 U/min	1.870 U/min
Schleuderdrehzahl	2.250 U/min	2.400 U/min	2.338 U/min
Getriebeübersetzung	2,30	2,10	2,357
Motormasse	2.500 kg	2.170 kg	2.200 kg

Tabelle 2: Daten für die Motoren

Fahrzeugnummer	1900 a/b	1901 a/b	1902 a/b
Motorbauart	ELM 613 H	ELM 10 a	ELM 10a-1
Motor-Stundenleistung	354,75 kW	255 kW	255 kW
Motor-Dauerleistung	337,5 kW	230 kW	230 kW
Motor-Anfahrleistung	450 kW	374,5 kW	347,5 kW
Motor-Drehzahl (max)	1.800 U/min	1.910 U/min	1.870 U/min
Übersetzung	33 : 76	29 : 61	28 : 66
Getriebewirkungsgrad (Annahme)	0,975	0,975	0,975
Gesamtmasse	109 t	106,2 t	112,7 t
Reibungsmasse	62,9 t	62,42 t	67,58 t
Treibraddurchmesser (halb abgenutzt)	1.085 mm	935 mm	1.070 mm

6.5 Leistungs- und Zugkraftkennlinien

Vom RZA München wurden auf der Grundlage von Messfahrten bis Ende 1939 die Leistungs- und Zugkraftkennlinien für die drei Triebwagen ermittelt und in Form von Schaubildern dargestellt. Ohne die Daten der Anlage 1 zur Gänze wiederholen zu wollen, sollen die wichtigsten Motordaten als Gedächtnisstütze und Einstieg in die Erläuterung der Schaubilder hier noch einmal zusammengefasst werden. Genannt sind in der Tabelle 2 (oben) die auf den Schaubildern eingetragenen Werte.

Die Lieferbedingungen sahen vor, dass der Anfahrvorgang sich an der Überlastgrenze der Fahrmotoren orientieren sollte, d. h. dass mit maximal möglicher Beschleunigung angefahren wurde.

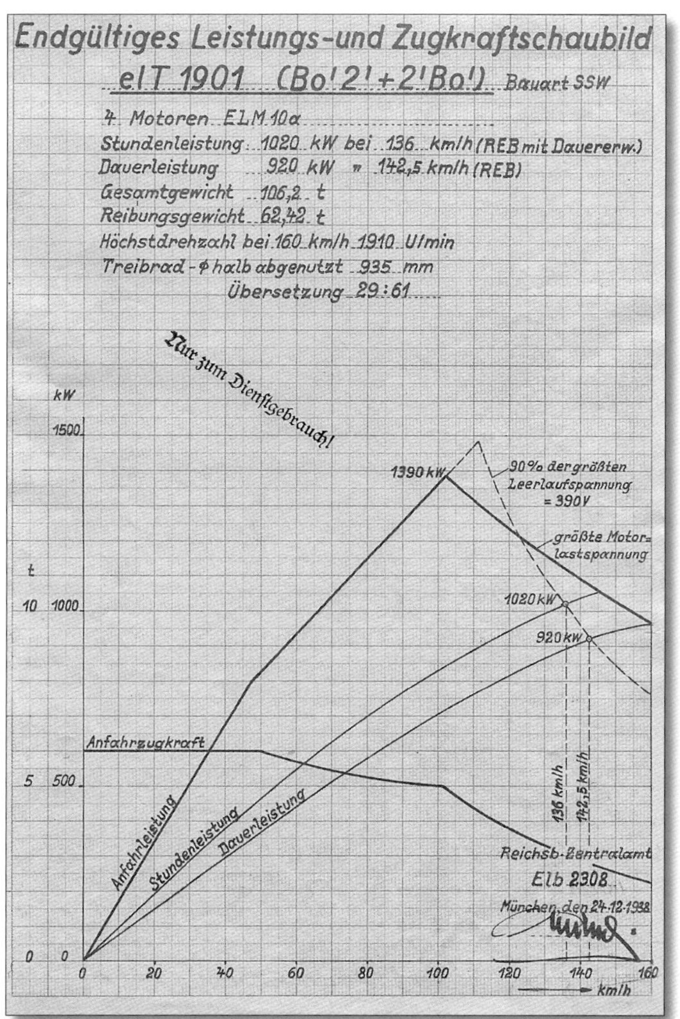

△ **Bild 82** • Z-V-Diagramm elT 1901. Abbildung: Sammlung R. Lutterbach

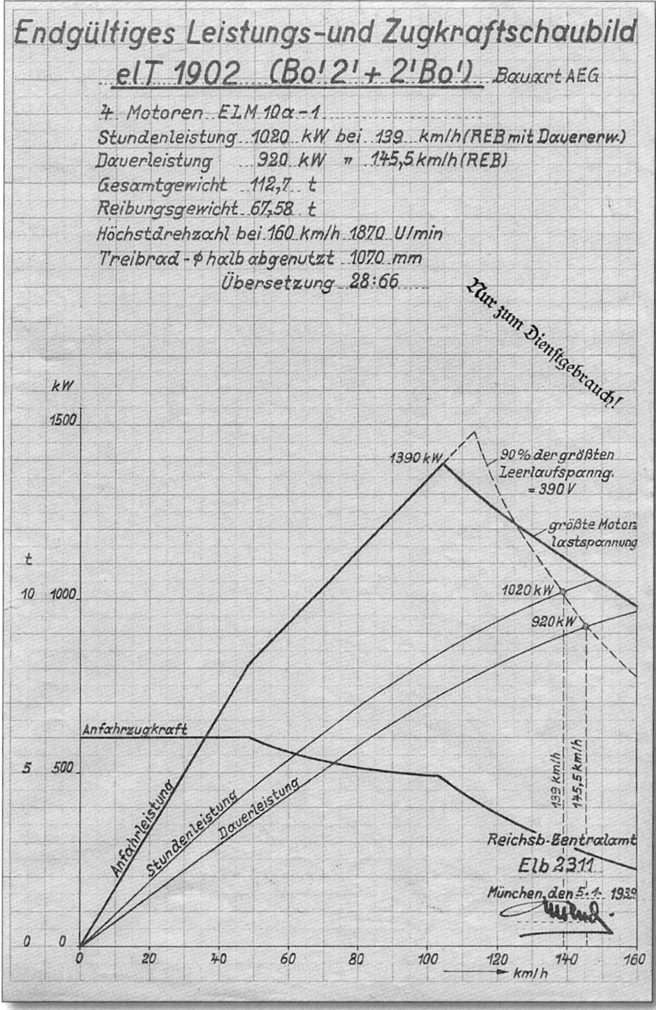

△ **Bild 83** • Z-V-Diagramm elT 1902. Abbildung: Sammlung R. Lutterbach

Der von BBC für den elT 1900 entwickelte Motor war leistungsstärker und überlastungsfähiger als seine Konkurrenten, was sich in einem Anfahrweg von 4.000 m und einer Anfahrzeit von nur 150 Sekunden ausdrückte. Die Anfahrleistung übertraf die des Wasseg-Motors, der Gemeinschaftsentwicklung von SSW und AEG, bei weitem. Raddurchmesser und Übersetzung in der Zahnradstufe waren jedoch bei den drei Triebwagen unterschiedlich, so dass die Auswirkungen des Leistungsunterschiedes abgemildert wurden. Der Getriebewirkungsgrad ist nach Angabe in den RZA-Schaubildern mit 97,5 % angesetzt. Die Lieferbedingungen waren noch von 96 % ausgegangen. Da nach Kriegsbeginn eine systematische Erprobung nicht mehr möglich war und sich nach dem Krieg die konstruktiven Mängel des Antriebs zeigten, blieb dem BBC-Motor samt Antrieb der Erfolg versagt. Er wurde ab Sommer 1954 gegen einen Tatzlagerantrieb mit anderem BBC-Motor ausgetauscht.

Nachzutragen bleiben noch die Erstellungsdaten der Schaubilder des RZA München aus der Vorkriegszeit:

elT 1900	23. Dezember 1938
elT 1901	24. Dezember 1938
elT 1902	5. Januar 1939

6.5.1 Hilfsbetriebe

Für die betrieblich notwendigen Funktionen, die auch bei Ausfall der Fahrdrahtspannung gewährleistet sein mussten (Beleuchtung, Stromabnehmersteuerung, Sicherheitseinrichtungen, Magnetschienenbremse und nur bei elT 1900 und elT 1901 der Schaltwerksantrieb) stand ein 24-V-Gleichspannungsnetz zur Verfügung, das sich auf je eine Batterie im a- und b-Wagen stützte und von der 200-V-Anzapfung des Transformators gespeist wurde. Für die Ladung der Batterien mit einem Aggregat von 3,5 kW Leistung hatten sich die drei Firmen für unterschiedliche Lösungen entschieden:

BBC (elT 1900)	Umformer bestehend aus Wechselstrom-Motor und Gleichstrom-Generator
SSW (elT 1901)	Transformator und Kupferoxydul-Gleichrichter
AEG (elT 1902)	Transformator und Selen-Gleichrichter

Die Versorgung mit Gleichrichterzellen war ab Mitte der dreißiger Jahre für die Schienenfahrzeugindustrie schwierig, da die Rüstungsindustrie, hier insbesondere die Luftfahrtindustrie, Priorität genoss.

Da oberhalb des Fußbodens nur wenig Nutzfläche verlorengehen sollte, blieb es bei dem nur zweiteiligen Triebwagen nicht aus, dass die Belegung im Untergestell mit mechanischen und elektrischen Komponenten sehr gedrängt ausfiel. Wartung und Instandhaltung wurden dadurch nicht erleichtert. Wenn es zu einer Serienlieferung gekommen wäre, wären hier Optimierungen zwingend gewesen.

Unter jedem Einzelwagen befand sich eine NiFe-Batterie (Nickel, Eisen) mit der Typenbezeichnung STN 4111 H in Verbindung mit einem Laderegler, die jeweils eine Kapazität von 190 Ah bei dreistündiger Entladung aufwiesen. Die Nennspannung betrug 24 V. Die Wahl war auf die NiFe-Batterie gefallen, weil diese sich durch eine hohe Lebensdauer auszeichnete und unempfindlich gegen Tiefentladung war. Bei der Bemessung der Kapazität musste der Strombedarf der Magnetschienenbremse berücksichtigt werden.

7 Bauartänderungen

7.1 bis 1943

Die drei Triebwagen waren als Versuchstriebwagen in Dienst gestellt worden. Es kann daher nicht überraschen, dass als Ergebnis der Versuchs- und Messfahrten und Erfahrungen aus dem Betriebseinsatz zahlreiche Änderungen und Verbesserungen notwendig wurden, von denen einige noch bis 1943 umgesetzt wurden, ehe der Krieg die Einstellungen aller Arbeiten an den Fahrzeugen erzwang. Das bedeutet auch, dass nicht alle Verbesserungsmöglichkeiten oder gar Notwendigkeiten umgesetzt werden konnten. Es bedeutet gleichzeitig, dass ein umfangreiches Paket an erkannten Mängeln und Abhilfemaßnahmen auf später verschoben werden musste. Besonders betroffen war dabei der gesamte Bereich des Antriebes, dessen Schwierigkeiten im vollen Umfang erst nach dem Kriege zutage traten, verbunden mit den schlechten Laufeigenschaften und die mit der Festlegung auf den Verzicht von Steuer- und Beiwagenbetrieb verbundenen Unzulänglichkeiten, die sich nur mit erheblichem konstruktivem Aufwand – Stichwort Mehrfachsteuerung und Regel-Zug-und Stoßeinrichtung – bereinigen ließen.

7.1.1 Transformator

Die ersten Messfahrten mit dem elT 1900 zeigten eine zu geringe Transformatorleistung, was sich in niedrigen Beschleunigungswerten äußerte. Im Frühjahr 1936 wurde im unveränderten Transformatorkessel ein neuer Spulensatz mit höherer Sekundärspannung und höherer Leistung eingebaut, die sich dadurch von 350 kVA auf 410 kVA änderte. Auch SSW und AEG nahmen ähnliche Änderungen an den noch in der Fertigung stehenden Wagen vor, so dass sich hier die Leistung von 330 kVA auf 400 kVA (beim elT 1901) bzw. 390 kVA (beim elT 1902) erhöhte. Bei der Kühlung beließ man es bei der reinen Fahrtwindkühlung; jedoch erhielten die Schürzen unter den Puffern spätestens bis zum Spätsommer 1937 Lüftungsgitter, um den Lufteintritt für die Transformatorkühlung zu steigern.

7.1.2 Fahrmotoren und Antrieb

Nach einem (elektrischen) Fahrmotorüberschlag beim elT 1900 im März 1937 wurden alle Motoren ausgebaut und konstruktiv geändert. Gleichzeitig wurde ein neuer Zahnradschutzkasten aus Stahlguss und für den elT 1900 eine verbesserte Schmierpumpe für den Buchli-Antrieb eingebaut.

7.1.3 Radsätze und Drehgestelle

Nachdem es bei Diesel-Schnelltriebwagen mehrfach zu Brüchen der Radsatzwellen gekommen war, ließ das Reichsbahn-Zentralamt in München im Jahr 1937 die Wellen des elektrischen Schnelltriebwagens nachrechnen. Dabei zeigten sich auch hier Schwachstellen, so dass die Industrie für den elT 1900 vier neue Wellen aus Chrom-Nickel-Stahl mit Verstärkung im Nabenbereich nachlieferte.

Schwieriger aufzuklären waren die unbefriedigenden Laufeigenschaften der Triebwagen. Erste Versuchsfahrten mit dem elT 1900 fanden im Herbst 1936 statt. Der elT 1900 war zu diesem Zweck aus dem Plandienst abgezogen worden. Weitere Messfahrten im Zeitraum Ende 1937 bis 1940 u. a. auf der Frankenwaldbahn zeigten ein starkes Nicken der Drehgestelle und Längsschwingungen im Wagenkasten. Dazu kamen Anschläge der Wiege am Drehgestellrahmen (insbesondere im Triebdrehgestell mit dem hier eintauchenden Transformator). Die Erscheinungen verstärkten sich bei schlechter Gleislage. Beim Triebdrehgestell machte man die hochliegende Wiege, bei elT 1902 zusätzlich zum Federtopfantrieb, mitverantwortlich, hielt aber weitere Messfahrten zu diesem Thema für notwendig, um klare belastbare Aussagen zu gewinnen, die man für eine konstruktive Änderung für notwendig erachtete. Man versuchte es zunächst mit „einfachen" Maßnahmen. Man änderte Wiegen- und Radsatzfedern und sorgte für möglichst kleine Spiele in den Gleitführungen der Radsatzlagergehäuse. Die Maßnahmen blieben jedoch ohne Erfolg, so dass die zulässige Höchstgeschwindigkeit im planmäßigen Betrieb auf 120 km/h herabgesetzt werden musste. Inzwischen war man der Überzeugung, dass nur ein radikaler Schritt die Lösung bringen würde. Im Oktober 1938 beantragte das Münchener Reichsbahn-Zentralamt beim Reichsverkehrsministerium schließlich für alle drei Triebwagen den Bau von Ersatzdrehgestellen. Folgende Aspekte sollten dabei in die Neukonstruktion einfließen:

- Verwindungssteifer Drehgestellrahmen
- Radsätze mit Lenkerführung
- Nachstellbare Gleitbacken für die Radsatzquerführung
- Abfederung der Wiege durch ölgedämpfte Schraubenfedern in Doppelanordnung
- Gemeinsamer Federtrog für beide Wiegenschraubenfedern mit Aufhängung über Rechteckschaken und Hängeeisen am Drehgestellrahmen
- Öldämpfer für seitliche Wiegenanschläge
- Gefederte Lenkerführung der Wiege (mit Gummipuffern oder Uerdinger Reibungspuffern)
- Seitliche Wiegengleitstücke für veränderliche Belastung durch Nachstellfeder

Die Neukonstruktion für je zwei Ersatz-Triebdrehgestelle und zwei Ersatz-Laufdrehgestelle für den elT 1900 und elT 1901 übernahm die Maschinenfabrik Esslingen, die die Aufträge im November 1938 in ihren Bestellbüchern verzeichnete. Noch im Dezember 1939 registriert das Bestellbuch einen kleinen Ergänzungsauftrag für die Entwicklung von je zwei Trieb- und zwei Laufdrehgestellen für elT 1900. Die dargestellten neuen Konstruktionsgrundsätze bedeuteten eine Abkehr vom Grundgedanken des Görlitzer Drehgestells. Der geplante Einbau einer Scheibenbremse scheiterte am nicht vorhandenen Einbauraum. Es wurde in die neuen Drehgestelle wieder die Trommelbremse – jetzt allerdings in Innenlage – eingebaut, obwohl man deren mangelnde Eignung bei hoher thermischer Belastung schon erkannt hatte. Immerhin konnte das Klappern der Trommelbremsbacken abgestellt werden. Die Radstände für Trieb- und Laufdrehgestell blieben mit 3.600 mm und 3.000 mm unverändert. Die Radsatzblattfedern der Triebdrehgestelle wurden jetzt achtlagig ausgeführt.

Im Sommer 1940 wurden die von der Maschinenfabrik Esslingen gebauten neuen Trieb- und Laufdrehgestelle im elT 1901 (dem künftigen ET 11 02) eingebaut und zwischen Juli und September 1940 zwischen Nürnberg und Bamberg Messfahrten mit bis zu 160 km/h und später auch im Raum Probstzella im unteren Geschwindigkeitsbereich durchgeführt. Als Vergleichsfahrzeug diente der elT 1900, dessen (alte) Drehgestelle auf Neuzustand aufgearbeitet worden waren. Der elT 1901 (ET 11 02) trug seit dem 17. Mai 1940 den Hoheitsadler des Deutschen Reiches. Bei den Messfahrten waren die Schürzen vor den Lenkerdrehgestellen zeitweise abgebaut.

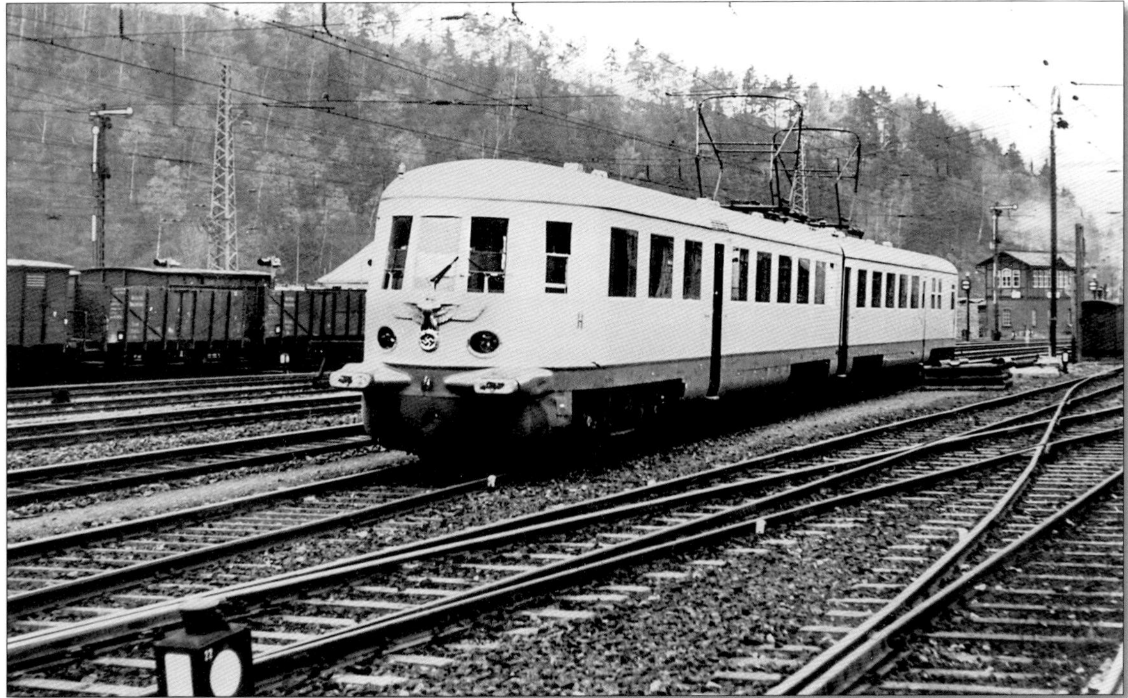

Bild 84 ▷ Auf die bis Probstzella elektrifizierte Frankenwaldbahn kamen die ET 11 nur anlässlich von Probefahrten. Mit den neuen Drehgestellen ausgestattet, wartet hier um 1939/40 in Probstzella der ET 11 02 auf die nächste Fahrt. Das Fahrzeug trug bereits das neue Hoheitszeichen an der Front.

Aufnahme: Prof. Lotter, Sammlung EK-Verlag

Als Ergebnis der Vergleichsfahrten wurde seinerzeit festgehalten:

- Senkrechte Fußbodenschwingungen beim elT 1901 deutlich geringer als beim elT 1900
- Die kritischen Schwingungen waagerecht-quer über dem Triebdrehgestell beim elT 1901 verbessert, über dem Laufdrehgestell eher verschlechtert.
- Die Frequenz der Wagenkastenquerschwingung war beim elT 1901 mit Lenker-Drehgestell gleichmäßig, beim 1900 unregelmäßig und vielfach ruckartig.

Nach der vollständigen Auswertung der Versuche, die einige Monate in Anspruch nahm, erteilte das Reichsbahn-Zentralamt in München im März 1941 der MAN in Nürnberg den Auftrag, je zwei Trieb- und Laufdrehgestelle für den ET 11 01 zu liefern. Die konstruktive Ausarbeitung war dabei wieder durch die Maschinenfabrik Esslingen zu erbringen, deren Erfahrungen beim Bau der neuen Drehgestelle für den ET 11 02 zu nutzen seien. Der Radstand des Triebdrehgestells betrug dabei wie bisher 3.700 mm, auch an der hochliegenden Wiege änderte sich nichts. Das Zentralamt verband mit dem Auftrag die Auflage, Fahrmotoren und Antrieb, Bremstrommeln, Magnetschienenbremsen, Druckluftbauteile und die Sandstreuanlage weiter zu verwenden, um die Baukosten gering zu halten.

Durch den Krieg bedingt verzögerte sich der Bau der bestellten Ersatzdrehgestelle. 1943 entschied das Zentralamt, den Bau bis nach dem Krieg zurückzustellen. Die fertigen Teile wurden im RAW Neuaubing eingelagert; über ihren Verbleib nach dem Krieg ist nichts bekannt geworden.

Nach der verlorenen Schlacht von Stalingrad hatten sich für die deutsche Kriegswirtschaft die Prioritäten verschoben, Bauartänderungen und Verbesserungen an drei Versuchstriebwagen waren nicht mehr kriegswichtig, zumal der kommerzielle Einsatz von elektrischen Schnelltriebwagen mit 160 km/h in immer weitere Ferne rückte.

Die notwendigen Nacharbeiten bei der Industrie und die Versuche mit dem dritten Wagen elT 1902 erstreckten sich von der Anlieferung Ende Juni 1937 bis Anfang 1938.

7.1.4 Luftheizung

Im Dezember 1938 kam es beim elT 1902 zu einer völligen Vereisung der Luftheizung. Die Vereisung wurde dadurch begünstigt, dass die elT 1901 und elT 1902 keine geschlossene Bodenwanne wie der elT 1900 aufwiesen. Die Luftansaugöffnungen wurden daher in den Bereich der Seitenwandschürze verlegt, um dem Ansaugen von Eis und Schnee entgegenzuwirken.

7.1.5 Schleifleisten

Alle drei Triebwagen sind mit Aluminium-Schleifleisten geliefert worden. Lichtbogenbildung führte zu stärkerem Verschleiß und zu Störungen des Rundfunkempfangs. Auch auf Drängen der Reichspost führte die Deutsche Reichsbahn in der Folge die Kohleschleifleisten ein, die schließlich zur Standardausrüstung der elektrischen Fahrzeuge wurden. Für den ET 11 ist der Zeitpunkt der Umrüstung nicht bekannt.

7.2 1946 bis 1955

7.2.1 Wagenbaulicher Teil

Bei Kriegsende fanden sich alle drei Triebwagen in den westlichen Besatzungszonen oder genauer in Bayern wieder. Die Voraussetzungen für einen Schnellverkehr mit 160 km/h waren selbst auf mittlere Sicht nicht mehr gegeben. Zu groß waren die allerorts sichtbaren Zerstörungen an Bahnanlagen und Fahrzeugen. Reparatur und Wiederaufbau war das Gebot der Stunde. In Westdeutschland wurde erst 1962 mit dem neuen RHEINGOLD die Geschwindigkeitsstufe 160 km/h wieder erreicht. Neben der genannten Beseitigung der Schäden standen auch Maßnahmen zur Sicherung der Material- und Rohstoffversorgung durch ein vorerst zumindest provisorisch wieder zu schaffendes Verkehrssystem für eine wieder zu belebende Friedensproduktion und zur Anpassung an die geänderten Einsatzbedingungen infolge der Verschiebung der Verkehrsströme als Folge der neuen Zonengrenzen von der West-Ost- in die Nord-Süd-Richtung im Vordergrund des Interesses.

Um Schaltwerk und Motoren der ET 11 zu schonen, wurden bei einer Probefahrt von Pasing nach Mittenwald am 10. Mai 1946 die Fortschaltrelais niedriger eingestellt. Die damit verbundene Verringerung der Beschleunigung nahm man in Kauf. Auf Steilstrecken war das Anfahren jedoch jetzt erschwert, so dass die ET 11 einen Steilstreckenschalter erhielten, der wieder einen höheren Fortschaltstrom er-

△ **Bild 85** • Der ET 11 03 steht am 21. März 1952 in München Hbf zur Abfahrt bereit. Der Triebzug hat bereits die neuen Rathgeber-Drehgestelle erhalten, die Zug- und Stoßeinrichtung entspricht aber noch der Ursprungsversion. Aufnahme: Dr. Günther Scheingraber, Sammlung Jörg Sauter

laubte. Dieser Schalter durfte jedoch immer nur kurzzeitig bei Steigungsfahrten eingelegt werden.

Die trotz verbesserter Federung und Dämpfung weiterhin schlechten Laufeigenschaften des ET 11 03 führten am 1. August 1949 zu einer Probefahrt von München nach Berchtesgaden, die Geschwindigkeit überschritt dabei auf der Hinfahrt nicht die 100-km/h-Grenze. Auf der Rückfahrt wurden maximal 110 km/h erreicht. Als Ergebnis der Fahrt hielt das EZA München fest, dass mehr als 90 km/h für Sonderfahrten bei diesem Fahrzeug nicht vertreten werden konnten. Vor dem Hintergrund der einst für 160 km/h bestellten Triebwagen war das ein niederschmetterndes Ergebnis. Als einen der wesentlichen Gründe sah das EZA München die hochliegende Wiege an. Am 29. September 1949 ersuchte das EZA München daher bei der HVB um Zustimmung zu Entwicklung und Bau von Ersatzdrehgestellen mit Tiefanlenkung statt der hochliegenden Stufendrehpfanne für ET 11 01 und ET 11 03. Außergewöhnlich schnell lag die Genehmigung der HVB

◁ **Bild 86**
Blick auf eines der neuen Rathgeber-Drehgestelle des ET 11 03, aufgenommen am 21. März 1952 in München Hbf.

am 12. Oktober 1949 vor. Die HVB plante damals noch, im Jahr 1950 mit den ET 11 einen FD-Triebwagenverkehr einzuführen, was die Eile der HVB erklären mag. Geplant war damals, im Sinne einer Bauartbereinigung die neuen Drehgestelle für ET 11 01 und ET 11 03 tauschbar auszuführen. Da die Antriebe jedoch aus Kostengründen beibehalten werden sollten, ließ sich die Tauschbarkeit nicht realisieren.

Entwicklung und Bau der neuen Trieb- und Laufdrehgestelle für ET 11 03 übernahm die Firma Josef Rathgeber in München-Moosach. Rathgeber erhielt im November 1950 auch den Auftrag zum Bau der neuen Drehgestelle für ET 11 01, da die ursprünglich vorgesehenen Firma Krauss-Maffei nicht zeitgerecht liefern konnte und die Preisvorstellungen nicht denen der Bahn entsprachen. Die neuen Drehgestelle sollten jetzt zum bis Sommerfahrplanwechsel im Mai 1951 geliefert sein.

Für die neuen Triebdrehgestelle des ET 11 03 galten nach [10] die folgenden wesentlichen Baugrundsätze:

- Geschweißter verwindungssteifer Kastenrahmen
- Lenkerführung der Radsatzlagergehäuse in Längsrichtung durch Stangenlenker
- Querführung ebenfalls durch Lenker
- Achtlagige Blatttragfeder unter dem Radsatzlagergehäuse mit Laschenaufhängung an angeschraubten Böcken
- Geschweißte Wiege mit Drehzapfen, seitliche Gleitstücke mit geschlossener Ölwanne für die Aufnahme der Wagenlast
- Seitliche Wiegenfederung mit je zwei Schraubenfedersätzen und Ölstoßdämpfer zwischen Wiegenträger und Federtrog
- Übertragung der Zug- und Bremskräfte durch Tiefanlenkerstangen in Höhe der Radsatzmitte
- Zentralschmierung der Bauart Vogel für das Gestänge der Tiefanlenkung.

Der Vorschlag der AEG von 1949 für den Einbau von Gummielementen in den Hohlwellenantrieb wurde nicht berücksichtigt. Es wurden die bisherigen Antriebe mit den stahlgefederten Federtöpfen wieder eingebaut.

Nach ähnlichen Baugrundsätzen wurden auch die etwa leichteren Laufdrehgestelle gefertigt. Die Wiege konnte tiefer gelegt werden, da kein Transformator den Einbauraum behinderte. Die besondere Tiefanlenkung konnte daher entfallen. Wiege und Rahmen des Drehgestells waren durch Lenker verbunden. Die bisherigen Peyinghaus-Radsatzlager wurden durch Rollenlager ersetzt. Die Doppelklotz- und die Magnetschienenbremse blieben erhalten. Die Radstände von 3.700 mm bzw. 3.000 mm blieben unverändert.

Bei der Probefahrt des ET 11 03 am 24. August 1951 traten im Geschwindigkeitsbereich zwischen 40 und 60 km/h starke Rüttelschwingungen auf. Als Ursache wurde ein beim Einbau entstandener Querversatz zwischen Hohlwelle und Radsatzwelle angesehen, der die Federn in den Federtöpfen in ihrer jeweils waagerechten Lage zusammendrückte und dadurch unerwünschte Längsschwingungen verursachte. Der weitere Einsatz des Fahrzeuges wurde zunächst für nicht vertretbar gehalten. Die AEG stellte daraufhin eine ausführliche Einbauanweisung für die Fahrmotoren auf.

Bei der lauftechnischen Untersuchung am 15. November 1951 wurde eine spürbare Verbesserung des Wagenlaufes festgestellt. Am 21. Dezember 1951 konnte der ET 11 03 mit den neuen Drehgestellen von Rathgeber und blau/grauem Neuanstrich wieder dem Betrieb übergeben werden.

Bei den Triebdrehgestellen des ET 11 01, deren Bau von Krauss-Maffei zu Rathgeber verlagert worden war, waren trotz zahlreicher Übereinstimmungen mit ET 11 03 u. a. folgende Änderungen durchgeführt worden:

- Kleinere Radkörper mit dickeren Radreifen für die Treibradsätze, da die bisherigen „dünnen" Radreifen als unwirtschaftlich betrachtet wurden
- Neue Radsatzwellen für die Laufradsätze, um die gleichen Rollenlager wie bei ET 11 03 verwenden zu können
- Geänderte Motorbefestigung für den Buchli-Antrieb
- Änderung der Drehgestellkopfträger zur Anpassung an die geänderte Lage des Bremszylinders
- Tieferlegung der Bremstraversen unter den Fahrmotoren
- Beibehaltung der Hikp-Bremse mit Umstellung auf Klotzbremse (Entscheidung des EZA München vom 15. Januar 1952)
- Ersatz der Druckölhandbremse durch die Spindelbremse (ET 11 02 erhielt

Bild 87 ▷ Geänderte Kopfform des ET 11 mit neuer Zug- und Stoßeinrichtung. Zudem trägt der Triebwagen die neue Lackierung.

Aufnahmen (2): Dr. Günther Scheingraber/ EK-Verlag

ebenfalls die Spindelbremse, da sich die Öldruckbremse vor allem bei Gefällstrecken als nicht betriebstauglich erwies).

Die Laufdrehgestelle stimmten mit denen des ET 11 03 überein. Zum Einbau der Drehgestelle wurde der Triebwagen ET 11 01 am 21. November bei Rathgeber bereitgestellt. Die Arbeiten verzögerten sich durch Fertigungsfehler auch bei den Drehgestellen. Erst am 11. Juli 1952 wurde der Triebwagen in Betrieb genommen. Die Magnetschienenbremse wurde jedoch erst im Jahr 1953 nachgerüstet. Bei allen Triebwagen waren jetzt vier Magnete der Bauart D 85 im Triebdrehgestell und zwei Magnete der Bauart D 135 im Laufdrehgestell eingebaut. Am 28. März 1953 war der Triebwagen im jetzt komplettierten Zustand wieder betriebsfähig.

Die Beibehaltung der Hikp-Bremse beim ET 11 01 erforderte bei den beiden anderen ET 11 mit Hikss-Bremse einige Anpassungen, um den gemeinsamen Betrieb sicherzustellen. So erhielten ET 11 02 und ET 11 03 den Umstellhahn mit vier Stellungen G-P-S-SS, so dass die starke Bremswirkung der ss-Bremse im Bedarfsfall an den ET 11 01 durch Einstellung der Bremsart „S" statt „SS" angepasst werden konnte.

Die schon 1940 im ET 11 02 eingebauten neuen Drehgestelle blieben nach dem Krieg erhalten, wurden jedoch bei Rathgeber 1951 aufgearbeitet bzw. umgebaut (Ersatz der Trommelbremse).

Besondere Aufmerksamkeit erforderte die Trommelbremse, die sich beim Befahren längerer Gefällstrecken als wenig geeignet erwies, wie Versuchsfahrten zwischen Seefeld und Innsbruck gezeigt hatten. Einen geplanten fahrplanmäßigen Einsatz des ET 11 zwischen München und Villach über die Tauernbahn machten die ÖBB davon abhängig, dass die Züge klotzgebremst verkehren. Der ET 11 02, der 1940 neue Drehgestelle mit Trommelbremse erhalten hatte, musste daher umgebaut werden. Bei unveränderten Radständen von 3.600 mm und 3.000 mm wurde der Drehgestellrahmen verlängert. Die Hikp-Bremse wurde durch die Hikss-Bremse ersetzt, wobei Steuerventil und Druckübersetzer nur am Untergestell ihren Platz finden konnten. Die Radreifendicke von 50 mm wurde beibehalten, ebenso die Magnetschienenbremse.

Für den Einsatz auf der Tauernbahn nach Villach forderten die ÖBB weiter, dass die Druckluftbremse des Triebwagens im Abschleppfall vom Hilfstriebfahrzeug aus angesteuert werden kann. Die ET 11 erhielten daher im Juli 1951 eine sog. Vorspannleitung. Für ET 11 01 und ET 11 02 ist diese Ergänzung in den erhaltenen Dokumenten bestätigt, auch der ET 11 03 hat diese Änderung vermutlich im Dezember 1951 erfahren, ohne die ein Einsatz auf der Tauernbahn nicht möglich gewesen wäre.

Aus den erhaltenen Unterlagen lässt sich entnehmen, dass schon im November 1949 das Bremsdezernat 38 des EZA Göttingen die Auffassung vertrat, dass bei Geschwindigkeiten über 120 km/h die Scheibenbremse die geeignetere Bremsbauart sei und der Trommelbremse vorzuziehen sei. Hätte sich diese Meinung früher durchgesetzt, wäre die Bremsentwicklung in Deutschland einen anderen Weg gegangen.

Für den Einsatz nach Villach musste die Küche, die seit Kriegsende nicht mehr vollständig war, wieder komplettiert werden, um die Bewirtschaftung im Zug zu gewährleisten. Neben dem Heißwasserspeicher wurde auch ein Sechs-Platten-Herd neu beschafft.

Neben dem Dauerthema der Laufeigenschaften gab es beim ET 11 noch weitere Baustellen. So wurde die Beleuchtungsstärke in den Fahrgasträumen immer wieder beanstandet. Man wollte aber auf die beiden Lichtbalken an der Decke, die man für „modern" hielt, nicht zugunsten von Einzelleuchten verzichten. So ersetzte man 1951 zur Verbesserung der Beleuchtung die Abdeckungen der Lichtbalken aus Opalglas durch Plexiglas der Darmstädter Firma Röhm & Haas.

Die ED München beantragte am 16. November 1951 bei der HVB angesichts der immer wieder auftretenden Störungen und Brüche des Abschlepphakens den Einbau der Regel-Zug- und Stoßeinrichtung und die Ausrüstung mit Vielfachsteuerung, um das Platzangebot durch gekuppelte Züge ohne Personalmehrbedarf bei den Triebwagenführern zu erhöhen. Die HVB war damit einverstanden und beauftragte das EZA München mit den entsprechenden Untersuchungen. Dem Bericht des EZA vom 29. Februar 1952 folgend stimmte die HVB am 14. März 1952 dem Umbau der drei ET 11 zu. Sie verknüpfte damit die Erwartung, dass die Züge zum Sommerfahrplan 1952 eingesetzt werden können, was sich in der Folge als unrealistisch erwies.

Im Zuge der Umsetzung des HVB-Beschlusses wurde ein neuer gefederter Zughaken mit einer Federendkraft von 16 t und statt der Stangenpuffer stabilere Hülsenpuffer eingebaut, die ebenfalls eine Verkleidung erhielten. Die Pufferteller hatten eine Breite von 600 mm und eine Höhe von 340 mm. Die große Breite ließ die Erwartung zu, dass es auch in engen Gleisbögen nicht zu einer Überpufferung kommen würde. Die Puffer wurden auf angeschweißte Distanzblöcke geschraubt, um den freien Raum an der Stirnseite der gekuppelten Züge zu vergrößern. Dadurch wurde der „Berner Raum" als Sicherheitsraum für den Kuppler eingehalten. Die Länge über Puffer vergrößerte sich durch die Distanzblöcke auf 44.215 mm. Beim Kupplungsumbau wurden die Hauptluft- und die Hauptluftbehälterleitung mit 5 bar bzw. 10 bar Nenndruck bis zur Fahrzeugstirn verlängert und mit entsprechenden Luftkupplungen und Absperrhähnen abgeschlossen. Dadurch konnten gekuppelte Züge vom vorderen Führerstand aus gebremst und im Abschleppfall vom schleppenden Triebfahrzeug aus die Bremse der gesamten Garnitur bedient werden. Für die Vielfachsteuerung wurde eine 32-polige Steuerleitung verlegt. Darüber hinaus war zwischen den beiden Teilfahrzeugen des Triebwagens eine 42-polige Flachkupplung erforderlich, um die zusätzlichen Leuchtmelder anzuschließen und weitere Messdaten (z. B. für den zweiten Motorstrommesser oder die Heizungs- und Beleuchtungssteuerung) zu übertragen. Am Rande sei erwähnt, dass die Blau- und Schlaflichtbeleuchtung bei dieser Gelegenheit ausgebaut wurde, da sie für nicht mehr notwendig gehalten wurde.

Der ET 11 01 wurde 1952 im Zuge des Umbaus auf Vielfachsteuerung neu lackiert. Statt der olivgrünen Farbgebung erhielt er einen Neuanstrich in Graublau und Hellgrau. Bereits ein Jahr zuvor wurden ET 11 02 (Juni) und ET 11 03 (August) in den neuen Farbtönen lackiert. Der Neuanstrich orientierte sich nach [10] an den Dieselschnelltriebwagen, die im Zuge der Vollaufarbeitung in Donauwörth diesen Anstrich erhielten:

- Seitenwände unterhalb der Fensterbrüstung und Fensterband im Bereich des Führerstandes, Zierstreifen und Regenrinne (Graublau nach RAL 5008)
- Fensterband im Seitenwandbereich, zwei Absetzstreifen unterhalb der Fensterbrüstung, Anschriften im blauen Feld und an den Schürzen (Steingrau nach RAL 7030)
- Schürze und Wagendach (Schwarzgrau nach RAL 7021)

Ohne konkreten Bezug auf das RAL-Farbregister finden sich in der Literatur auch die Farbangaben Taubenblau und Hellgrau bzw. Silbergrau. Die Firma Jos.(ef) Rathgeber hatte am 13. Juni 1951 für die ET 11 02 und ET 11 03 (der ET 11 01 lief noch im Besatzungsverkehr) eine neue Anschriftenzeichnung erstellt, die bei der DB unter Fte 4.11.560 eingereiht wurde. Hier finden sich nur die Farbangaben Blau für das 630 mm hohe Mittelfeld, das oben und unten von einem 145 mm hohen Streifen in „Grau" begrenzt wurde. Für die Schürze wird in dieser Zeichnung der Farbton „Dunkelgrau" genannt. Die Einzelbuchstaben des Schriftzuges „Deutsche Bundesbahn" sind mit 170 mm Höhe und 120 mm Breite angegeben. Die im Original im Maßstab 1 : 40 erstellte Zeichnung wurde im Sommer 1956 im Rahmen der Klassenreform überarbeitet; dabei wurde der Schriftzug „Deutsche Bundesbahn" durch das DB-Emblem ersetzt.

Bei allen drei Triebwagen wurde der Eigentümer „Deutsche Bundesbahn" (DB) ursprünglich in grauen Versalien im graublauen Feld angeschrieben. Wie Fotos zeigen, war die Position dieser Anschrift an den Wagen unterschiedlich: beim ET 11 02 am a-Wagen, bei den beiden anderen am b-Wagen. Fotos zeigen auch, dass die bisherige Kennzeichnung der Führerstände durch „V" und „H" durch „1" und „2" im Kreis im vorderen Bereich der Schürze ersetzt wurde. Die Klassenbezeichnung und Raucher/Nichtraucher-Anschriften wurden in das graue Fensterband verlegt, die Stirnseiten erhielten das neue DB-Emblem in sandgelber Farbe nach RAL 1002.

Alle drei Triebwagen wurden nach dem Krieg einer „Wagenbaulichen Vollaufarbeitung" nach Schadgruppe T 4 unterzogen:

ET 11 01	21.11.1951 bis 23.07.1952 Mit neuen Drehgestellen, Fremdlüftung der Fahrmotoren, neue Zug- und Stoßeinrichtung, Vielfachsteuerung, Spindelhandbremse
ET 11 02	15.11.1950 bis 28.06.1951 Umbau auf Hikss-Klotzbremse, Fremdlüftung der Fahrmotoren, Spindelhandbremse 21. 12.1951 bis 30.05.1952 Vollaufarbeitung mit neuer Zug- und Stoßeinrichtung, Vielfachsteuerung
ET 11 03	16.04.1952 bis 03.07.1952 Mit Fremdlüftung der Fahrmotoren, neue Zug- und Stoßeinrichtung, Vielfachsteuerung.

Als Gattungszeichen und Bauartmerkmale wurden z. B. beim ET 11 03 u. a. angeschrieben:

BPw4üK + B4ü
57,5 t
30 Pl (im a-Teil), 47 Pl (im b-Teil)
43,585 m
Hikssbr [Hiksst] mg
Bremsgew S 84 t

Die vergleichbare Anschrift beim elT 1900b bei Lieferung lautete:

B4ielT
47 Pl
43,585 m
Hikpbr [Hikpt] mZ

Die Arbeiten wurden beim ET 11 01 zum größten Teil bei Rathgeber in München-Moosach ausgeführt (wagenbauliche Arbeiten in der Betriebsabteilung München Hbf), beim ET 11 02 bei der Waggon- und Maschinenfabrik Donauwörth (WMD). Beim dritten Triebwagen begannen die Arbeiten zunächst ebenfalls bei Rathgeber, ehe sie bei WMD fortgesetzt wurden. Wie man aus den genannten Umbauzeiten sieht, waren die Triebwagen für eine erhebliche Zeitspanne dem Betrieb entzogen.

Seit 1953 lief der ET 11 01 mit Laufflächenprofil 1 : 20/1 : 40, da das Flachprofil D 15 schwieriger herzustellen war (es ist unbekannt, ob es nach dem Krieg überhaupt noch auf die Radreifen aufgedreht wurde).

Am 25.November 1953 ordnete das BZA München an, die Kopfenden der Triebwagen mit rotem Anstrich zu versehen. Ausgeführt wurde diese Änderung beim ET 11 01 am 16. Januar 1956, beim ET 11 02 am 10. April 1954 und beim ET 11 03 am 28. Januar 1954. Bis heute konnte ein Foto mit diesem Anstrich nicht aufgefunden werden. Bekannt ist lediglich das Bild des VT 06 110 mit einem ähnlichen roten Stirnanstrich.

7.2.2 Ausrüstung

Die seit 1946 niedriger eingestellten Fortschaltrelais wurden 1954 in allen drei Triebwagen durch neue SSW-Fortschaltrelais ersetzt. Anfangs arbeiteten diese mit den vorhandenen Stromwandlern nicht einwandfrei zusammen. Durch Schaltungsänderungen konnte das Problem bereinigt werden. Bei einer Probe- und Abnahmefahrt von München nach Berchtesgaden über die Steilstrecke Kirchberg – Hallthurm arbeitete das Schaltwerk ohne Beanstandung. Auch der Steilstreckenschalter arbeitete wie erwartet. Die zulässige Beharrungsgeschwindigkeit von 60 km/h wurde nach 95 Sekunden bei einem Fortschaltstrom von 1.150 A erreicht.

Ebenfalls vor dem Hintergrund des fahrplanmäßigen Einsatzes München – Villach über die Tauernbahn stand neben der Trommelbremse auch die Frage der möglichen Erwärmung der Fahrmotoren im Blickpunkt. Als Lösung stand neben einer Änderung der Getriebeübersetzung für 120 km/h auch die Fremdlüftung der Fahrmotoren zur Diskussion, für die sich die HVB auf Vorschlag des EZA München entschied, da sie als zukunftssicherer eingeschätzt wurde, falls die Geschwindigkeit wieder auf 160 km/h angehoben werden sollte. Da Lüfter aus deutscher Produktion nicht lieferbar waren, wurden Sécheron-Lüfter im Dachraum über den Einstiegtüren nächst den Triebdrehgestellen eingebaut. Die Lüftungskanäle wurden neu gebaut. Zu erkennen ist dieser Umbau an den Dachhauben über den Türen.

Die schadhaften Kupferoxydul-Gleichrichter des ET 11 02 wurden 1953 durch Selen-Gleichrichter ersetzt.

Nachdem es im Betrieb mehrfach z. B. zu Kuppelstangenbrüchen beim Buchli-Antrieb gekommen war und auch die Erneuerung der Kuppelstangen des Antriebs 2 im September 1948 keine Abhilfe gebracht hatte, da schon im Dezember 1948 eine der erneuerten Kuppelstangen erneut brach und der Wagen dadurch erst im August 1949 wieder eingesetzt werden konnte, stimmte die HVB am 30. Oktober 1953 zu, den ET 11 01 im Rahmen einer Zwischenausbesserung T 2 auf den Tatzlagerantrieb umzubauen. Zuvor hatte der Triebwagen vom 9. Dezember 1953 bis zum 8. Juni 1954 auf seine Aufnahme im Ausbesserungswerk gewartet. Wegen Finanzierungsproblemen konnte der Umbau auf Tatzlagerantrieb für 160 km/h im AW Freimann erst im Juni 1954 beginnen. Dabei wurden auch neue Fahrmotoren der Bauart EDTM 494 V eingebaut, die dem Tauschbestand für ET 31 entnommen wurden. Gleichzeitig wurden Druckwächter für die Abbremsung mit 200 % und Schauzeichen für die ss-Bremse eingebaut und der Austausch der HISW-Stromabnehmer gegen SBS 39 vorgenommen. Der Neuanstrich wurde im schon bekannten graublauen und steingrauen Farbton ausgeführt. Die im AW Freimann vorgenommen Arbeiten wurden am 16. Januar 1955 im Betriebsbuch bescheinigt. Die Abnahmefahrt führte zuvor am 5. Januar 1955 nach Berchtesgaden mit der Steilstrecke

Kirchberg – Hallthurm. Es sei noch erwähnt, dass zunächst noch die vorhandenen Getriebe für 120 km/h eingebaut wurden, da die neuen Getriebe für 160 km/h nicht zeitgerecht geliefert werden konnten. Ihr Einbau zusammen mit neuen Treibradsätzen und dem Einbau des Speiseraums erfolgte erst im Oktober 1957 im AW Cannstatt.

7.3 1957 bis 1958

Um die vorhandenen drei Wagen überhaupt einsetzen zu können, entschloss sich die DB, den Einsatz auf der in naher Zukunft elektrifizierten Strecke zwischen München und Frankfurt am Main prüfen zu lassen.

Für diesen geplanten Einsatz als Fernschnelltriebwagen FT 29/30 zwischen den genannten Städten fand am 16. April 1957 eine Versuchsfahrt zwischen Heidelberg und München statt. Als wesentliche Änderungswünsche ergaben sich der Einbau eines Speiseraumes und einer vergrößerten Küche. Die HVB formulierte ihre vordringlichen Änderungswünsche am 23. Mai 1957. Das BZA München legte in einem Bericht vom 2. Juli 1957 entsprechende Umbauvorschläge vor, die nach [10] von der HVB am 25. Juli 1957 für alle drei Triebwagen genehmigt wurden. Das Konzept für die Küchenverlängerung um 700 mm wurde von der Zentrale der DSG (Deutsche Schlaf- und Speisewagengesellschaft) in Frankfurt am Main erarbeitet: links waren Kühlschrank, Herd und die Kleiderablage angeordnet, rechts ein dreiteiliges Spülbecken mit nach vorn abklappbarem zweiteiligen Deckel, zwei Schwenkhähne für Kalt- und Warmwasser und die Kühltruhe. An den Stirnseiten waren zum Speiseraum hin die Ausgabetheke und zum Gepäckraum hin ein Tisch mit Ablageborden angeordnet. Die Trennwand zwischen Anrichte und Küche entfiel. Im Einstieg zwischen Küche und Speiseraum wurde eine verschließbare Ablage für Bestecke und Gläser geschaffen. Dieser Einstieg war für Reisende nicht mehr nutzbar; die Tür trug außen die Anschrift „Dienstraum“. Durch die Küchenverlängerung verkürzte sich der Gepäckraum auf 2925 mm. Der Fahrgastraum im Wagen a wurde zum Speiseraum umgestaltet. Die ersten zwei Sitzgruppen wurden durch eine Glaswand mit Glasdrehtür mit geätztem DSG-Emblem von den weiteren Sitzgruppen getrennt.

Zwischen dem Speiseraum mit 18 (15) Sitzplätzen auf neuen Stühlen in der Sitzanordnung 2+1 und der Küche lag der schon genannte Personaleinstieg mit Außentüren. Selbst bei Berücksichtigung der knappen Sitzplatzzahl in der 1. Klasse schien die Zahl der Plätze im Speiseraum in Spitzenzeiten nicht ausreichend. Der Servicebereich konnte daher durch vier Stecktische an weiteren Sitzplätzen ausgeweitet werden. Die Halterungen für diese Stecktische wurden im Gepäckraum eingebaut. Zur Verbesserung der Entlüftung im Speiseraum wurde ein Turbolüfter eingebaut.

Der Hilfsluftverdichter im Wagen a zum Anheben des Stromabnehmers durfte auch durch ausgebildetes Personal der DSG bedient werden, um elektrische Energie für die Küche bereitzustellen, ohne den gesamten Wagen in Bereitschaft zu halten.

Die Sitzplätze im ET 11 erhielten spätestens bei der Einführung der Elektronischen Platzreservierung (EPA) bei den europäischen Eisenbahnen ebenfalls Platznummern, die an der oberen Kante der Rückenlehnen angebracht wurden. Für jedes Abteil bzw. jede Sitzgruppe begann die Nummerierung mit einer neuen Dekade, also im ET 11 z. B. von 11 – 16 in der ersten Sitzgruppe oder von 61 – 66 in der sechsten Sitzgruppe.

Die schon immer als unzureichend angesehene Beleuchtung wurde durch Leuchtstofflampen verbessert. Die Versorgung mit 220 V/100 Hz übernahm ein Turbowechselrichter, wie er schon bei Neubau-Reisezugwagen bekannt war. Eine Übersicht über die wichtigsten Daten des Umbaus von 1957 enthält Anlage 3. Der Umbau selbst wurde bei Hansa-Waggon in Bremen im Rahmen einer T 3-Untersuchung durchgeführt. Restarbeiten nach dem Umbau wie der Einbau neuer Getriebe und der Indusi I 54 nahm das AW Cannstatt vor.

Es wurde schon erwähnt, dass die ET 11 bis 1957 ohne wirksame Zugbeeinflussung unterwegs waren. Erst Ende 1957 wurde bei ET 11 01 im Rahmen der T 4-Untersuchung die Indusi I 54 eingebaut. Der Einbau des dritten Spitzenlichts für ET 11 01 und ET 11 02 wurde bis Anfang April 1958 im AW Freimann vorgenommen, ET 11 03 folgte etwas später.

Beim Einsatz des MÜNCHNER KINDL in Doppeltraktion lagen vier Altbau-Stromabnehmer am Fahrdraht, so dass Schutzstrecken in der Oberleitung überbrückt werden konnten. Diese Betriebsweise war daher an sich nicht zulässig. Es mussten an diesen Stellen die Stromabnehmer gesenkt werden. Um den Fahrdrahtanhub beim Betrieb mit vier Stromabnehmern zu begrenzen, wurde bei Doppeltraktion – wie Fotos zeigen – beim hinteren Triebwagen nur der hintere Stromabnehmer gehoben. Es zeigte sich aber, dass bei dieser Betriebsweise wiederholt die Fahrtrichtungsschütze abfielen und die betreffenden Motoren stromlos wurden. Die BD München beantragte daher im März 1958, den ET 11 auf den neuen Einheitsstromabnehmer DBS 54 umzubauen. Dazu mussten neue Anschweißböcke auf dem Wagendach montiert werden, da sich die Montagerahmen und Isolatoren des neuen Stromabnehmers nach Bauart und Position deutlich von den Vorkriegsbauarten unterschieden.

Entsprechend dem Antrag wurden 1958 alle drei Triebwagen mit neuen Stromabnehmern DBS 54 ausgerüstet. Bei den mit Doppelschleifleiste ausgerüsteten Stromabnehmern musste bei jedem Triebwagen nur ein Stromabnehmer am Fahrdraht anliegen. Für ET 11 01 bis ET 11 03 werden folgende Umrüstdaten angegeben: für ET 11 01 der 10. September 1958, für ET 11 02 der 15. Oktober 1958 und für ET 11 03 der 22. Mai 1958. Die BD München machte am 23. April 1958 darauf aufmerksam, dass bei gekuppelten ET-11-Einheiten nur die beiden inneren Stromabnehmer DBS 54 am Fahrdraht anliegen dürfen.

Im Sommer 1958 wurde das BZA München über einen Schaden am Federtopfantrieb des ET 11 03 unterrichtet. Im Oktober 1958 wurde Einvernehmen erzielt, den Triebwagen ähnlich wie den ET 11 01 auf Tatzlagerantrieb umzubauen. Allerdings beantragte die OBL Süd in Stuttgart am 4. Februar 1959 die Ausmusterung des Fahrzeugs, so dass die Umbaupläne gegenstandslos wurden. Ebenfalls gegenstandslos wurde der Umbau der Heizung. In den Jahren nach dem Krieg ließ sich die Heizung zunehmend schlechter regulieren, weil die Wärmefühler schadhaft wurden und sich nicht mehr reparieren oder ersetzen ließen. Der Triebwagenführer konnte daher nur die Gesamtleistung des Heizregisters ein- oder ausschalten. Im Sommer 1958 wurde daher ein zweistufiger Heizungsregler mit 800 V und 1.000 V eingebaut, der die Heizung in einstellbaren Zeitintervallen ein- und ausschaltete, so dass sich eine mittlere Raumtemperatur einstellte. Der geplante Umbau auf eine Konvektionsheizung mit voller Regelung wurde im Juli 1958 aus Kostengründen verworfen und war nach dem Rückzug der ET 11 aus dem Fahrplanbetrieb nicht mehr auf der Tagesordnung.

8 Aufarbeitung nach dem Krieg

Die Deutsche Reichsbahn im Vereinigten Wirtschaftsgebiet hatte sich schon 1948 dazu entschlossen, die Triebwagen der Vorkriegsbauarten, insbesondere der dreiteiligen VT 06, bei der Waggon- und Maschinenfabrik Donauwörth (WMD) einer Grundüberholung zu unterziehen. Die ersten Fahrzeuge verließen ab Ende 1950 die Werkhallen. Für die drei elektrischen Schnelltriebwagen wurde ein ähnliches Programm aufgelegt.

Für den ET 11 01 wurde am 25. Juni 1949 in der Betriebsabteilung München Hbf die Durchführung der T 3 bescheinigt. Am 4. Januar 1952 verfügte das für die elektrischen Triebwagen zuständige Dezernat 22 des EZA München, die ET 11 bei der Firma Rathgeber nach der Schadgruppe T 4 (Vollaufarbeitung) zu untersuchen. Hierbei wurde der Einbau der Vielfachsteuerung, neuer Drehgestelle, der neuen Zug- und Stoßeinrichtung mit Hülsenpuffern an den Kopfenden mit 16 t Federendkraft für Puffer und Zughaken und der Spindelhandbremse ausdrücklich genannt, um die betrieblich dringend gewünschte Doppeltraktion möglich zu machen. Am 4. Juli 1952 absolvierte der ET 11 01 seine Abnahmefahrt von München-Laim nach Berchtesgaden; am 11. Juli 1952 war die Untersuchung abgeschlossen. Mit größerer Verzögerung wurde diese T 4-Untersuchung erst am 28. Januar 1953 vom AW Freimann (Betriebsabteilung München Hbf) bescheinigt.

Ab 1956 wurden die Fahrmotoren ELM 10a bzw. 10a-1 im ET 11 02 und ET 11 03 im Rahmen der planmäßigen Unterhaltungsarbeiten verbessert, da sie einen relativ hohen Verschleiß an Kommutatoren und Bürsten aufwiesen. Statt der bisherigen Vollkohlen wurden Spaltkohlen eingebaut, die die Laufleistungen des Kommutators auf das Dreifache steigerten. Zwei Tauschmotoren des ET 11 03 sollten im AW Freimann neue Wicklungen erhalten. Ob sie noch eingebaut wurden, lässt sich aus den vorhandenen Unterlagen nicht feststellen. Dagegen ist der Umbau auf Leuchtstofflampen mit neuer Energieversorgung durch Turbowechselrichter 100 Hz/200 V bestätigt.

9 Das Projekt ET 20 von 1951

Die drei ET 11 waren 1933 als Erprobungsträger bestellt worden. Nach den Erfahrungen mit den Dieselschnelltriebwagen war deutlich geworden, dass für den kommerziellen Einsatz größere Fahrzeuge benötigt würden. Schon in der Studie „München – Berlin“ von 1934 war ein dreiteiliger Schnelltriebwagen das Basisfahrzeug. Der Auftrag für dieses Fahrzeug an die Waggonfabrik Uerdingen wurde 1939 kriegsbedingt storniert. Die Überlegungen zum Bau eines kommerziell einsetzbaren elektrischen Schnelltriebwagens für 160 km/h waren damit aber nicht vom Tisch. Bereits im April 1939 hatte das RZA München im Blick auf geplante Elektrifizierungen der Strecken Berlin – München und Stuttgart – Wien vorgeschlagen, durch Einfügen von Beiwagen auch drei- oder vierteilige Schnelltriebzüge für den Langstreckenverkehr zu entwickeln. Für die deutlich längeren Fahrstrecken wurde der Einbau eines größeren Speiseraumes und eines zusätzlichen Teeraumes für notwendig gehalten. Die Fahrzeuge sollten die elektrische Einheitsausrüstung der Bauart BBC erhalten. Mit der Entwicklung sollte wieder die Maschinenfabrik Esslingen beauftragt werden, da man ihr die größeren Erfahrungen zuschrieb. Mit Kriegsausbruch wurde der Antrag zum Bau zweier Triebzüge nicht weiter verfolgt.

1949 griff das damalige Eisenbahn-Zentralamt in München den Gedanken wieder auf. Am 4. November wandte es sich an die drei großen Elektrofirmen mit der Bitte um Prüfung, ob die Antriebe des ET 11 für eine Höchstgeschwindigkeit von 120 km/h umgebaut und ein zusätzlicher Wagen eingestellt werden könne. Die Antwort der Industrie war positiv. Die Aktion des EZA München wurde aber nicht weiter verfolgt, denn schon etwas früher – am 19. Oktober 1949 – hatte die HVB verlauten lassen, dass beabsichtigt sei, den ET 11 künftig als Fernschnelltriebwagen mit Sitzplätzen der zweiten Klasse einzusetzen.

Im Juni 1951 nahm das EZA jedoch den Faden wieder auf. Es schlug erneut einen dreiteiligen Triebwagen mit einer Höchstgeschwindigkeit von 120 km/h vor, der auch Plätze der 3. Klasse anbieten sollte und für den die Baureihenbezeichnung ET 20 01 bis ET 20 03 vorgeschlagen wurde. Bei einer inneren Wagenbreite von 2.746 mm könne man in der 3. Klasse vier Plätze in einer Reihe anbieten. Der neue Mittelwagen mit der Sitzanordnung 2 + 2 beiderseits eines Mittelganges und der a-Triebwagen mit 40 statt bisher 30 Plätzen wären als 3. Klasse eingestuft worden, während im b-Triebwagen die 2. Klasse angeboten werden sollte. Da die Getriebe des ET 11 schon stark verschlissen waren, schlug das EZA den Neubau der Getriebe für 120 km/h vor. Auch dieser Umbauvorschlag wurde nicht weiter verfolgt, da man in der Hauptverwaltung noch nicht über die künftige Verwendung des ET 11 entschieden hatte.

Am 28. Mai 1957 griff die HVB selbst den Vorschlag für einen dreiteiligen ET 11 allerdings mit einer Abwandlung auf. Das BZA München solle untersuchen, ob durch freiwerdende Mittelwagen der Diesel-Schnelltriebwagen dreiteilige Einheiten des ET 11 geschaffen werden könnten. In Betracht kamen die seinerzeit mit Salonausstattung für die US-Streitkräfte in Stuttgart und Frankfurt (M)-Griesheim abgestellten VM 06 107 und VM 06 109. Die neu zu erstellende Innenausstattung für diese Wagen sollte sich am TEE VT 11 orientieren.

Das BZA München hatte offenbar Bedenken, diese alten Wagen für den ET 11 zu verwenden, da die Geometrie dieser Wagen – insbesondere Fenster- und Dachhöhe – nicht zum ET 11 passte. Es schlug stattdessen am 18. September 1957 vor, drei neue Mittelwagen mit acht Sechsplatz-Abteilen zu bauen (davon eines als Schreibabteil nutzbar). Ohne zu diesem Vorschlag Stellung zu nehmen, teilte die HVB am 30. Januar 1958 mit, die Planungen für einen dritten Mittelwagen des ET 11 zurückzustellen. Nachdem der ET 11 im Jahr 1959 aus dem Plandienst ausgeschieden war, waren alle weiteren Überlegungen zur Ergänzung des ET 11 obsolet geworden. Die oben genannten Triebzüge VT 06 107 und VT 06 109 wurden von der HVB am 6. August 1957 zum Verkauf freigegeben. VT 06 107 bzw. VT 06 109 waren bereits am 24. April 1957 bzw. 19. Februar 1958 ausgemustert worden und wurde im Laufe des Jahres 1958 an die Reichsbahn der DDR verkauft, nachdem sich alle Pläne für eine Weiterverwendung der Wagen bei der DB zerschlagen hatten.

Nach einer langen Pause wurde erst 1973 wieder ein elektrischer Schnelltriebwagen jetzt für 200 km/h vorgestellt. Gebaut wurden ebenfalls nur drei Triebwagen mit der Baureihenbezeichnung 403/404. Sie fanden ebenfalls keinen Seriennachfolger und führten wie der ET 11 in der deutschen Fahrzeuggeschichte nur ein Schattendasein.

10 Betriebseinsätze

10.1 Betriebseinsatz bis Kriegsende

Der 1935 gelieferte elT 1900 a/b wurde zunächst auf der Nürnberger Jubiläumsausstellung ab 14. Juli 1935 in noch unvollständigem Zustand präsentiert und ging im Oktober 1935 zur Komplettierung an das Herstellerwerk zurück. Am 8. Dezember 1935 nahm der Triebwagen u. a. mit dem ADLER und dem Dieselschnelltriebwagen 877 a/b an der Jubiläumsparade im Nürnberger Rangierbahnhof teil. Um jedes Risiko von diesem Termin fernzuhalten, wurden zuvor keine höheren Geschwindigkeiten als 90 km/h gefahren. Am Tag danach wurde der Triebwagen der Rbd München zugewiesen und dem Heimatbahnhof München Hbf zugeteilt. Triebwagen waren nach den Personenwagenvorschriften (PWV) einem Bahnhof zugeteilt, was erst 1955 geändert wurde. Bei den ersten Probefahrten ab Anfang 1936 zeigten sich noch zahlreiche Män-

◁ **Bild 88**
In der seinerzeit neuesten Umladehalle der DRG im damals neuen Güterbahnhof Nürnberg Süd stellte die Reichsbahn ihre neuen Fahrzeuge aus. Dazu gehörte auch der elT 1900, der als Ausstellungsobjekt „27 – Wechselstrom-Schnelltriebwagen" präsentiert wurde.

△ **Bild 89** • In der Ausstellungshalle in Nürnberg wurde 1935 der noch nicht endgültig fertiggestellte elT 1900 (der spätere ET 11 01) als Ausstellungsobjekt der Öffentlichkeit gezeigt.

△ **Bild 90** • Im Jubiläumsjahr 1935 präsentierte die Deutsche Reichsbahn-Gesellschaft anlässlich der Ausstellung „100 Jahre deutsche Eisenbahnen" in Nürnberg auch ihre neuesten Fahrzeuge. Der ET 11 durfte da natürlich nicht fehlen. Allerdings war der Triebzug noch nicht fertiggestellt. Es fehlten u. a. noch die Scheibenwischer.

Aufnahmen (3): Werkfoto Esslingen, Sammlung Wolfgang-D. Richter

△ **Bild 91** • Aufstellung am 7. Dezember 1935 in Nürnberg-Dutzendteich zur Fahrzeugparade „100 Jahre Deutsche Eisenbahnen“: elT 1900 (RZA München/RAW München-Freimann, späterer ET 11 01), daneben 05 001 (RZA Berlin/RAW Grunewald) und 01 150 (Bw Bebra), die mit neun weiteren fabrikneuen Schnellzugloks der Baureihe 01 die Parade eröffnete. Links daneben der Dieseltriebwagen „137 078 Saarbrücken“. Aufnahme (vom 8. Dezember 1935): RVM, Eisenbahnstiftung

gel, zu deren Beseitigung erneut ein Aufenthalt in Esslingen notwendig wurde. Im Sommer 1936 waren weitere Probefahrten angesetzt, die als erfolgreich eingeschätzt worden sein müssen, denn nach der Eintragung im Betriebsbuch begann die Gewährleistung am 20. August 1936 (Abnahme am 19. August 1936).

Der elT 1901 wurde am 2. Juli 1936 geliefert und am 25. Juli in Dienst gestellt. Vorgesehen war der Einsatz als FDt 721/722 zwischen Berchtesgaden und Stuttgart in einem eintägigen Umlauf mit einem knapp zweistündigen Aufenthalt in Stuttgart. Berchtesgaden wurde dabei morgens um

◁ **Bild 92**
Der elT 1900 a/b hat auf einer Probefahrt den Bahnhof Hallthurm auf der Strecke Freilassing – Berchtesgaden erreicht.

Aufnahme: Sammlung EK-Verlag

△ **Bild 93** • Dt 722 (Berchtesgaden – Stuttgart) in Hallthurm im Jahr 1937. Ab hier beginnt die Gefällestrecke mit 40,8 ‰ nach Bad Reichenhall-Kirchberg.

△ **Bild 94** • Der ab Sommer 1936 (wahrscheinlich ab 1. August) verkehrende FDt 721 von Stuttgart nach Berchtesgaden passiert den Haltepunkt Bayerisch Gmain auf der Strecke Freilassing – Berchtesgaden.

Aufnahmen (2): Rbd München, Sammlung Dr. Brian Rampp

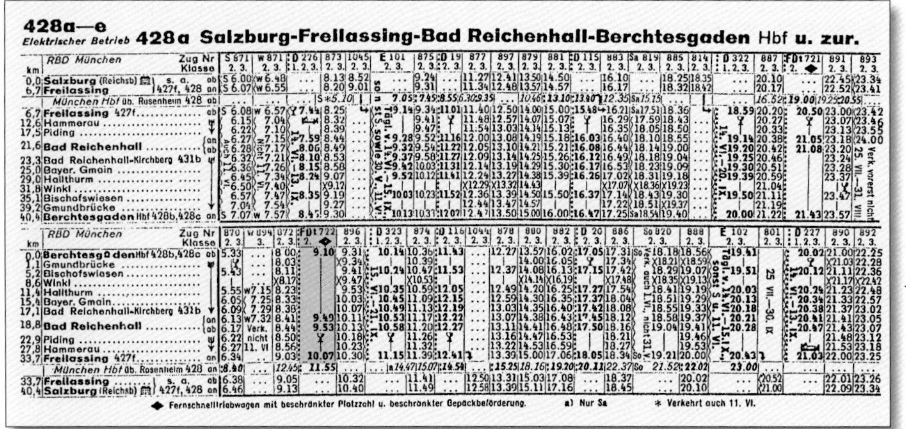

428a–e

Elektrischer Betrieb **428a Salzburg-Freilassing-Bad Reichenhall-Berchtesgaden** Hbf u. zur.

◆ Fernschnelltriebwagen mit beschränkter Platzzahl u. beschränkter Gepäckbeförderung. a) Nur Sa * Verkehrt auch 11. VI.

◁ **Bild 95**
Die folgenden vier Kursbuchtabellen 428 a, 428, 410 und 315 aus dem Reichsbahn-Kursbuch des Sommerfahrplans 1936 zeigen den Fahrtverlauf des von einem elT 19 gefahrenen Zuges FDt 722 von Berchtesgaden nach Stuttgart.

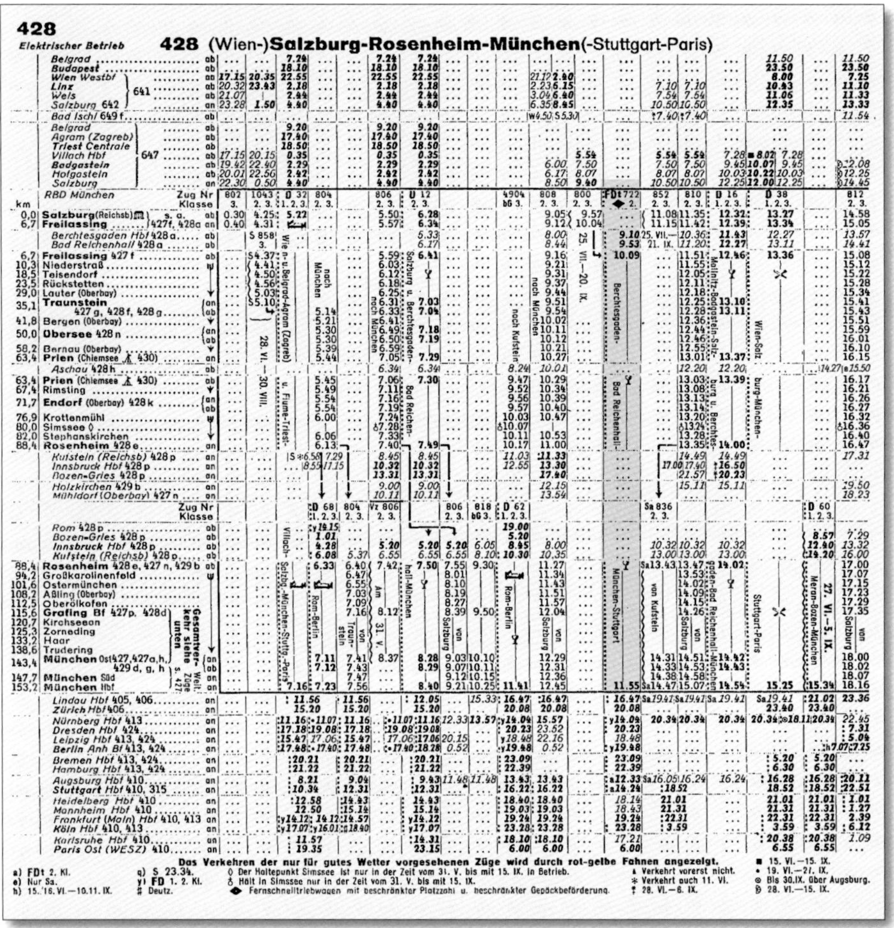

428

Elektrischer Betrieb **428** (Wien-)**Salzburg-Rosenheim-München**(-Stuttgart-Paris)

Das Verkehren der nur für gutes Wetter vorgesehenen Züge wird durch rot-gelbe Fahnen angezeigt.

◁ **Bild 96**
Die Fahrplantabelle 428 gilt für die Strecken (Wien –) Salzburg – Rosenheim – München (– Stuttgart – Paris).

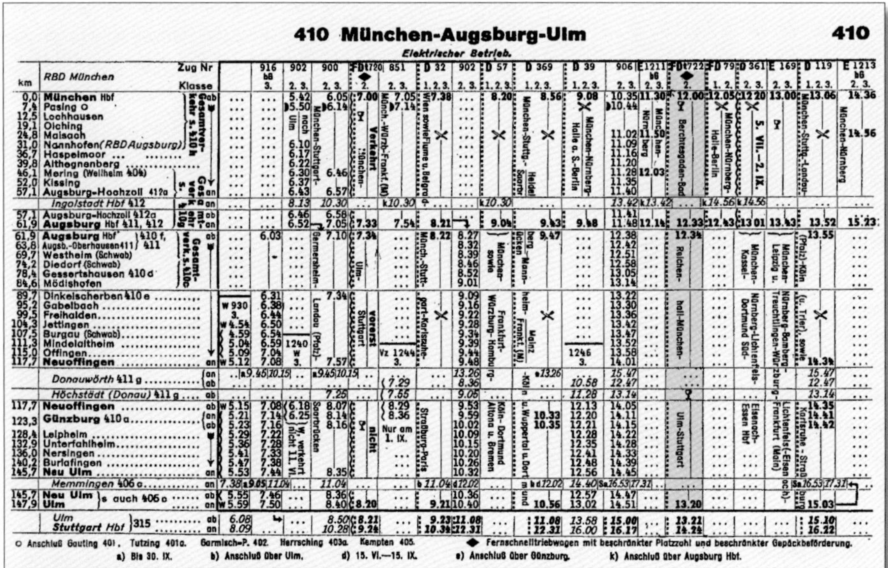

410 München-Augsburg-Ulm 410

Elektrischer Betrieb.

◆ Fernschnelltriebwagen mit beschränkter Platzzahl und beschränkter Gepäckbeförderung.

◁ **Bild 97**
Die Fahrplantabelle 410 zeigt den FDt 722 im Abschnitt München Hbf – Ulm.

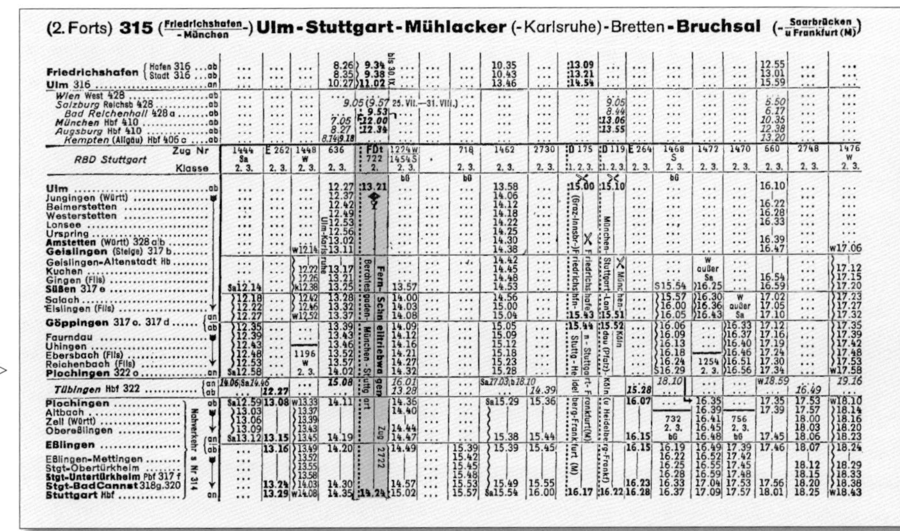

(2. Forts) **315** (Friedrichshafen- / -München-) **Ulm - Stuttgart - Mühlacker** (-Karlsruhe) - Bretten - **Bruchsal** (-Saarbrücken / u Frankfurt (M))

Friedrichshafen Hafen 316	ab	...	...	...	8.26	9.34 bis 30.IX.	...	...	...	10.35	...	13.09	...	...	...	...	...	12.55	...	...
Friedrichshafen Stadt 316	ab	...	...	...	8.35	9.38	...	...	...	10.43	...	13.21	...	...	...	...	...	13.01	...	...
Ulm 316	an	...	...	...	10.27	11.02	...	...	...	13.46	...	14.54	...	...	...	...	...	15.59	...	...
Wien West 428	ab	...	...	...	...	...	...	...	...	...	...	...	...	...	...	...	...	...	...	...
Salzburg Reichsb 428	ab	...	...	...	9.05 (9.57 25. VII.—31. VIII.)		...	...	...	...	...	...	9.05	...	...	...	...	5.50	...	...
Bad Reichenhall 428 a	ab	...	...	...	...	9.53	...	...	...	...	...	...	8.44	...	...	...	...	6.17	...	...
München Hbf 410	ab	...	...	...	7.05	12.00	...	...	...	...	...	...	13.06	...	...	...	...	10.35	...	...
Augsburg Hbf 410	ab	...	...	...	8.27	12.34	...	...	...	...	...	...	13.55	...	...	...	...	12.38	...	...
Kempten (Allgäu) Hbf 406 c	ab	...	...	...	8.14 9.18	...	...	...	...	...	...	...	...	...	...	...	...	13.20	...	...
RBD Stuttgart Zug Nr		1444 Sa	E 262	1448 W	636	FDt 722	1224 W 1454 S	•	718	1462	2730	D 175	D 119	E 264	1468 S	1472	1470	660	2748	1476 W
Klasse		2. 3.	2. 3.	2. 3.	2. 3.	2.	2. 3.		2. 3.	2. 3.	2. 3.	1. 2. 3.	1. 2. 3.	2. 3.	2. 3.	2. 3.	2. 3.	2. 3.	2. 3.	2. 3.
							bG		bG						bG					
Ulm	ab	...	...	...	12.27	13.21	...	...	...	13.58	...	15.00	15.10	...	...	...	...	16.10	...	...
Jungingen (Württ)		...	...	...	12.37		...	...	...	14.06	...			...	...	...	...		...	...
Beimerstetten		...	...	...	12.42		...	...	...	14.12	...			...	...	...	...	16.22	...	...
Westerstetten		...	...	...	12.49		...	...	...	14.18	...			...	...	...	...	16.28	...	...
Lonsee		...	...	...	12.53		...	...	...	14.22	...			...	...	...	...	16.33	...	...
Urspring		...	...	...	12.56		...	...	...	14.25	...			...	...	...	...		...	...
Amstetten (Württ) 328 a/b		...	...	...	13.02		...	...	...	14.30	...			...	...	...	...	16.39	...	...
Geislingen (Steige) 317 b		...	...	w12.14	13.11		...	...	...	14.38	...			...	...	...	...	16.47	...	w17.06
Geislingen-Altenstadt Hb		...	...				...	...	...	14.42	...			...	...	w außer Sa	...		...	
Kuchen		...	...	12.22	13.17		...	...	...	14.45	...			...	...		...		...	17.12
Gingen (Fils)		...	...	12.26	13.21		...	...	...	14.48	...			...	...		...	16.54	...	17.15
Süßen 317 e		Sa12.14	...	k12.38	13.25		13.57	...	...	14.53	...			...	S15.54	16.25	...	16.59	...	17.20
Salach		12.18	...	12.42	13.28		14.00	...	...	14.56	...			...	15.57	16.30	w außer Sa	17.02	...	17.23
Eislingen (Fils)		12.22	...	12.46	13.32		14.03	...	...	15.00	...			...	16.00	16.36		17.05	...	17.27
Göppingen 317 c. 317 d	an	12.27	...	w12.52	13.37		14.08	...	...	15.04	...	15.43	15.51	...	16.05	16.43		17.10	...	17.32
Göppingen 317 c. 317 d	ab	12.35	...	...	13.39		14.09	...	...	15.05	...	15.44	15.52	...	16.06	...	16.33	17.12	...	17.35
Faurndau		12.39	...	...	13.43		14.12	...	...	15.09	...			...	16.09	...	16.37	17.16	...	17.39
Uhingen		12.43	...		13.46		14.16	...	...	15.12	...			...	16.13	...	16.40	17.19	...	17.42
Ebersbach (Fils)		12.48	...	1196	13.52		14.21	...	...	15.18	...			...	16.18		16.46	17.24	...	17.48
Reichenbach (Fils)		12.53	...	W	13.57		14.27	...	...	15.23	...			...	16.24	1254	16.51	17.30	...	17.53
Plochingen 322 c	an	Sa12.58	...	2. 3.	14.02		14.32	...	...	15.28	...			...	S16.29	2. 3.	16.56	17.34	...	w17.58
Tübingen Hbf 322	an	14.06	Sa14.46	...	15.08		16.01	...	...	Sa17.03	b18.10			...	18.10	...	...	w18.59	...	19.16
Tübingen Hbf 322	ab	...	12.27	...	...		13.28	...	...	...	14.39			15.28	...	...	...	...	16.49	...
Plochingen	ab	Sa12.59	13.08	w13.33	14.11		14.36	...	...	Sa15.29	15.36			16.07	...	16.35	...	17.35	17.53	w18.10
Altbach		13.03		13.37			14.40	...	...							16.39		17.39	17.57	18.14
Zell (Württ)		13.06		13.39				...	...						732	16.41	756		18.00	18.16
Obereßlingen		13.09		13.43			14.44	...	...						2. 3.	16.45	2. 3.		18.03	18.20
Eßlingen	an	Sa13.12	13.15	13.45	14.19		14.47	...	...	15.38	15.44			16.15	bG	16.48	bG	17.45	18.06	18.23
Eßlingen	ab	...	13.16	13.49	14.20		14.49	...	15.39	15.39	15.45			16.15	16.19	16.49	17.39	17.46	18.07	18.24
Eßlingen-Mettingen		...		13.52				...	15.42						16.22	16.52	17.42			
Stgt-Obertürkheim		...		13.55				...	15.45						16.25	16.55	17.45		18.12	18.29
Stgt-Untertürkheim Pbf 317 f		...		13.58				...	15.48						16.28	16.59	17.48		18.15	18.33
Stgt-Bad Cannst 318 g. 320		...	13.24	14.03	14.30		14.57	...	15.53	15.49	15.55			16.23	16.33	17.04	17.53	17.56	18.20	18.38
Stuttgart Hbf	an	...	13.29	w14.08	14.35	14.24	15.02	...	15.57	Sa15.54	16.00	16.17	16.22	16.28	16.37	17.09	17.57	18.01	18.25	w18.43

636: Ulm-Karlsruhe; FDt 722: Berchtesgaden-München-Stuttgart, Fern-Schnelltriebwagen, Zug 2722; D 175: (Graz-Innsbr-)Friedrichshfn-Stuttg-Heidelberg-Frankfurt (M), Friedrichshafen-Stuttgart-Frankfurt(M); D 119: München-Stuttgart-Landau (Pfalz)-Köln (u Heidelberg-Frankf), München-Köln; Plochingen–Stuttgart: Nahverkehr s Nr 314

Bild 98 ▷
Interessant an der Fahrplantabelle 315 ist der Hinweis „Fern-Schnelltriebwagen" beim FDt 722, der bei den anderen drei Tabellen fehlt.

Abbildungen (4):
Sammlung Ronald Krug

9.10 Uhr verlassen und abends um 21.43 Uhr wieder erreicht. Der 86 km lange Abschnitt Augsburg – Ulm wurde dabei mit einer Durchschnittsgeschwindigkeit von 112 km/h befahren. Die Zuggattungsbezeichnung FDt (Fernschnelltriebwagen) war übrigens erst zum Sommer 1935 eingeführt worden. Es ist nicht bekannt, wie planmäßige Fristarbeiten oder die Reparatur von Schäden einbezogen wurden. Erst nach Einführung der Früh- bzw. Spätverbindung FDt 720/723 zwischen München und Stuttgart konnte ein zweitägiger Umlauf geschaffen werden, der die Durchführung von Unterhaltungsarbeiten berücksichtigte. Da der elT 1900 im Sommer 1936 für Versuchsfahrten zur Aufklärung der schlechten Laufeigenschaften eingesetzt wurde, stand zeitweise nur der elT 1901 als einsatzfähiger Triebwagen zur Verfügung.

Im Winterfahrplan 1936/37 wurde nur noch der zum Dt herabgestufte 722/723 zwischen München und Stuttgart angeboten. Die planmäßige Bedienung von Berchtesgaden war aufgegeben worden.

In dem ab 22. Mai 1937 gültigen Sommerfahrplan wurden die Früh- und Mittagsverbindungen von München nach Stuttgart wieder aufgenommen, so dass jetzt zwei elT 19 im Umlauf gebunden waren. Die Fahrzeiten waren entsprechend der Verfügung der Hauptverwaltung von 1936 mit einer Höchstgeschwindigkeit von 120 km/h gerechnet; sie betrugen zwischen Stuttgart und München jetzt rund 2,5 Stunden. Die beiden elT 1900 und elT 1901 verkehrten noch ohne Zugbeeinflussungseinrichtung.

Im Sommer 1938 (ab 15. Mai) fuhren weiterhin vier Züge zwischen Stuttgart und München. Die Zeitlage war jedoch leicht verschoben, so dass alle vier Züge von einem Triebwagen gefahren werden konnten. Es galten jetzt folgende Fahrzeiten:

D 721	Stuttgart – München	8.52 Uhr – 11.31 Uhr
D 722	München – Stuttgart	12.00 Uhr – 14.30 Uhr
D 723	Stuttgart – München	16.10 Uhr – 18.43 Uhr
D 724	München – Stuttgart	20.34 Uhr – 23.12 Uhr

Die Wendezeit in München war dabei mittags bis auf eine halbe Stunde verkürzt worden. Unterwegshalte gab es nur in Ulm und Augsburg.

Im Winter 1938/39 und im Sommer 1939 blieben die planmäßigen Leistungen unverändert. Wobei der elT 1902 nach einem Schreiben des RZA München von Ende 1937 wegen seiner schlechten Laufeigenschaften nicht in Betrieb genommen werden konnte. Nach einem weiteren Schreiben vom 24. Januar 1938 teilte das RZA mit, dass der elT 1902, der mit Indusi ausgerüstet war, für Geschwindigkeiten über 120 km/h vorläufig nicht zugelassen werden konnte.

Bei Kriegsbeginn 1939 wurde der Schnellverkehr mit den elektrischen Triebwagen

Bild 99 ▷
Stolz zeigen sich diese drei Arbeiter des RAW Neuaubing an der Front des Schnelltriebwagens elT 1900. Auf dem Nachbargleis steht der elT 1812 b (Zuglaufschild München – Regensburg).

Aufnahme:
Sammlung Dr. Frank Steuber

△ **Bild 100** • Den elT 1900 traf der Fotograf Mitte der dreißiger Jahre im Münchner Hauptbahnhof an. Aufnahme: Ernst Schörner, Sammlung EK-Verlag

△ **Bild 101** • Auf Probefahrt steht im Jahr 1936 der elT 1900 in München Hbf. Interessiert beobachten auf dem Nachbarbahnsteig einige Eisenbahner den neuen Triebwagen. Abbildung: Sammlung Dr. Brian Rampp

△ **Bild 102** • Vor der imposanten Bekohlungsanlage des Bw München Hbf steht der neue elT 1901, der spätere ET 11 02. AUFNAHME: HERMANN MAEY/MAN, SAMMLUNG EK-VERLAG

△ **Bild 103** • Nur Fliegen ist schöner. Der ausgeachste Wagenkasten eines elT 19 schwebt in der Halle des RAW Nürnberg. Um den fliegenden Triebwagen gruppieren sich die zweite Wagenhälfte und eine Reihe Verbrennungstriebwagen. AUFNAHME: SAMMLUNG DR. FRANK STEUBER

△ **Bild 104** • Im Endbahnhof Berchtesgaden wartet der elT 1901 vermutlich 1937 auf seine Rückfahrt nach München. Aufnahme: Werkfoto SSW, Sammlung Wolfgang-D. Richter

△ **Bild 105** • Der elT 1900 hat in der zweiten Hälfte der dreißiger Jahre bei Bergen (km 47,5) die Reichsautobahn München – Salzburg unterquert. Der Triebwagen ist auf der Fahrt nach Berchtesgaden. Aufnahme: Sammlung EK-Verlag

eingestellt. Die drei ET 11 wurden nur noch im Sonderverkehr eingesetzt und schließlich 1943 abgestellt. Aus einer nach dem Krieg gefertigten Aufstellung der BD München ergeben sich folgende Abstellzeiten:

ET 11 01 von März 1943 bis Dezember 1945
ET 11 02 von Juni 1943 bis Oktober 1947
ET 11 03 von April 1943 bis Mai 1946

Bis zur Abstellung hatten die drei Triebwagen auch für die damalige Zeit nur verhältnismäßig geringe Laufleistungen erbracht. Genannt werden für die Triebwagen diese Gesamtlaufleistungen: 180.000 km für ET 11 01, 300.000 km für ET 11 02 und 135.000 km für ET 11 03. Am besten schneidet noch der Triebwagen mit Tatzlagermotoren ab, während die Wagen mit den voll abgefederten Gestellmotoren deutlich abfielen.

Die Triebwagen wurden nach Kriegsbeginn als nicht kriegswichtig eingestuft. Die Beschaffung notwendiger Ersatzteile wurde daher häufig zurückgestellt, so dass die Fahrzeuge abgestellt werden mussten.

Ein besonderes Ereignis war im August 1942 die Messfahrt von Salzburg nach Spittal-Millstättersee über die Tauernbahn. Sie diente der Vorbereitung für einen Sonderverkehr auf dieser längeren Strecke, die bessere Voraussetzungen für einen wirtschaftlicheren Einsatz der Triebwagen bot. Die langen Steigungen mit 60 km/h Höchstgeschwindigkeit zeigten aber auch die Grenzen der elektrischen Ausrüstung auf. Bei der Messfahrt wurde auf den Steigungsabschnitten die Grenze der zulässigen Erwärmung der Fahrmotoren erreicht. Im Deutschen Kursbuch von 1944 war die Fahrstrecke von Salzburg über Schwarzach St. Veit bis Villach Hbf mit ca. 183 km angegeben.

Da sich mit zunehmender Kriegsdauer die Luftangriffe auch in Süddeutschland häuften und dabei der ET 91 02 im März 1943 ausbrannte und 1944 ausgemustert werden musste, wurden die ET 11 und der ET 91 01 außerhalb Münchens geschützt abgestellt.

Bild 106 ▷
Als Dt 722 hat der elT 1901 im Jahr 1937 den Stuttgarter Hauptbahnhof erreicht. Die Zugnummer ist an einem Puffer angeschrieben. Der Turm des denkmalgeschützten Baus aus dem Jahr 1928 überragt die im Zweiten Weltkrieg zerstörte ursprüngliche Bahnsteigüberdachung.

Aufnahme: Sammlung Dr. Frank Steuber

Bild 107 ▷
Der elT 1901 überquert am 12. September 1938 als Dt 721 (Stuttgart – München) die Donaubrücke zwischen Ulm und Neu Ulm.

Aufnahme: Carl Bellingrodt, Sammlung Oliver Strüber

△ **Bild 108** • Auf der Fahrt nach Stuttgart fährt der elT 1902 die Geislinger Steige hinunter. Aufnahme: MAN-Archiv, DB Museum

△ **Bild 109 •** Ein elT 19 überquert im Sommer 1936/37 die Rosensteinbrücke über den Neckar in Stuttgart. Wenige Minuten zuvor hat der Triebwagen den Stuttgarter Hauptbahnhof verlassen und fährt München entgegen.

△ **Bild 110 •** Nochmal ein elT 19 auf der Rosensteinbrücke in Stuttgart, diesmal von der anderen Brückenseite fotografiert. Aufnahmen (2): Alfred Ulmer, Sammlung Rudolf Röder

10.2 Der ET 11 im US-Militärverkehr

Der ET 11 01 hatte den Krieg überstanden und blieb zunächst abgestellt. Im ersten Halbjahr 1946 war er an 51 Tagen im Einsatz bei nur geringen Tageslaufleistungen. Bis September 1947 blieben die Leistungen weiter gering. Im Jahr 1948 erhöhten sich die Betriebstage auf 113 bei einer Gesamtlaufleistung von 30.314 km. Eingesetzt wurde er überwiegend im US-Militärverkehr. Er hatte zu diesem Zweck einen olivgrünen Anstrich ohne Zierlinien erhalten.

ET 11 02 wurde als letzter der drei Triebwagen Ende 1947 wieder in Betrieb genommen werden. Zum Zeitpunkt der Beschlagnahme durch die US-Streitkräfte hatte der ET 11 02 noch den Mustertarnanstrich II von 1944. Ob er anschließend ebenfalls im olivgrünen Anstrich im US-Militärverkehr eingesetzt wurde, ist nicht schriftlich bestätigt. Der ET 11 02, der im August 1950 für das Richtfest des Dampfkraftwerks Penzberg eingesetzt wurde, lief jedenfalls im olivgrünen Anstrich der US-Triebwagen.

Im Winterfahrplan 1948/49 war der ET 11 01 im Dienstplan Nr. 6 des Bww München Hbf für die DT US 716 und DT US 808 von München Hbf nach Berchtesgaden und zurück eingeteilt. Im Raum Berchtesgaden betrieb die US-Army für Armeeangehörige einige Erholungsheime. Die Fahrzeit betrug rund drei Stunden (Abfahrt für DT US 716 in München 16.10 Uhr, Ankunft in Berchtesgaden 18.49 Uhr. Schon nach kurzer Wende ging es als DT US 808 um 19.10 Uhr zurück nach München, das um 22.15 Uhr wieder erreicht wurde. Vor und nach der Fahrt waren im Laufplan die Überführungsfahrten von Pasing West zum Hauptbahnhof in München ausgewiesen. Die Fahrzeit betrug 20 Minuten. Die Schnelltriebwagen für die US-Army hatten eine beschränkte Freigabe für den deutschen Zivilverkehr; in den veröffentlichen Fahrplänen waren sie nicht enthalten. Statt des ET 11 01, der infolge eines Antriebsschadens (gebrochene Buchli-Kuppelstangen seit Ende September 1948) ausgefallen war, wurde nach den Eintragungen im Betriebsbogen überwiegend der ET 11 03 eingesetzt, der seit April 1946 wieder einsatzfähig war.

Im Winterfahrplan 1949/50 waren die schon genannten Züge DT US 716 und 808 als Züge 2. Klasse ausgewiesen. Tatsächlich eingesetzt waren die ET 11 aber nur sporadisch. Im gesamten Fahrplanhalbjahr von Oktober 1949 bis April 1950 hatten die drei Triebwagen insgesamt nur 47 Einsatztage. Die Triebwagen waren als Spätverbindung eingelegt. Sie verließen z. B. im Oktober 1949 den Münchener Hauptbahnhof um 17.10 Uhr und erreichten Berchtesgaden um 20.10 Uhr. Nach kurzer Wendezeit fuhren sie in Berchtesgaden um 20.38 Uhr ab und erreichten ihren Startbahnhof am 23.40 Uhr.

Im Sommerfahrplan 1950 waren wieder ET 11 für die DT US 716/808 im Dienstplan 1 des Bww München Hbf für die Verbindung München Hbf – Berchtesgaden vorgesehen. Als Fahrzeit werden bei der Abfahrt in München um 16.10 Uhr für die Hinfahrt zwei Stunden und 40 Minuten angegeben. Für den ET 11 01 ist überliefert, dass er ab 14. Mai 1950 im Schnellzugverkehr mit 120 km/h eingesetzt war. Planmäßig hielt der Zug u. a. in Rosenheim, Freilassing und Bad Reichenhall. Da er bei der Rückfahrt auch in Hallthurm hielt, verlängerte sich die Fahrzeit auf zwei Stunden und 55 Minuten.

Am 4. Juli 1950 brach beim ET 11 03 im Bahnhof Lauter (Oberbayern) bei Traunstein am führenden Drehgestell eine Radscheibe, die zunächst zur Abstellung des Triebwagens führte. Der Triebwagen fuhr bei diesem Unfall noch im Vorkriegsanstrich und wurde mit den hydraulischen Druckstempeln des Deutschland-Gerätes wieder aufgegleist. Nach längerer Diskussion, die im Beschluss zum Bau neuer Drehgestelle mündete, erhielt der Wagen ab Dezember 1950 bei Rathgeber neue Drehgestelle und war nach einigen Verzögerungen am 21. Dezember 1951 wieder einsatzfähig.

Im Winterfahrplan 1950/51 wurden dieselben Leistungen von München nach Berchtesgaden gefahren. Eingesetzt wurde der ET 11 02; die anderen beiden Wagen waren nach einem Aktenvermerk des

△ **Bild 111** • Der ET 11 02 b mit Farbanstrich nach Mustertarnplan (vom November 1944) im Bahnhof Gauting. An der Front zeichnet sich die Kontur des ursprünglichen Hoheitszeichens ab, und die Verdunkelungsblenden der Spitzenlichter sind noch montiert. Die Schablonenanschrift „U.S.A." kennzeichnet ihn als Kriegsbeute der U.S. Army.

Aufnahme: Sammlung Dr. Frank Steuber

EZA München vom 20. September 1950 schadhaft abgestellt.

Der ET 11 02 fuhr aber nur bis Oktober die Leistung nach Berchtesgaden. Die ED München gab am 8. Oktober 1950 die beiden ET 11 01 und ET 11 02 zum Umbau frei, wobei der ET 11 01 nach den Eintragungen im Betriebsbogen von Oktober bis Dezember 1950 noch eingesetzt wurde. Erst ab Januar 1951 waren die ET 11 außer Betrieb. Der Einsatz im Zivilverkehr erfolgte erst ab Juli 1951.

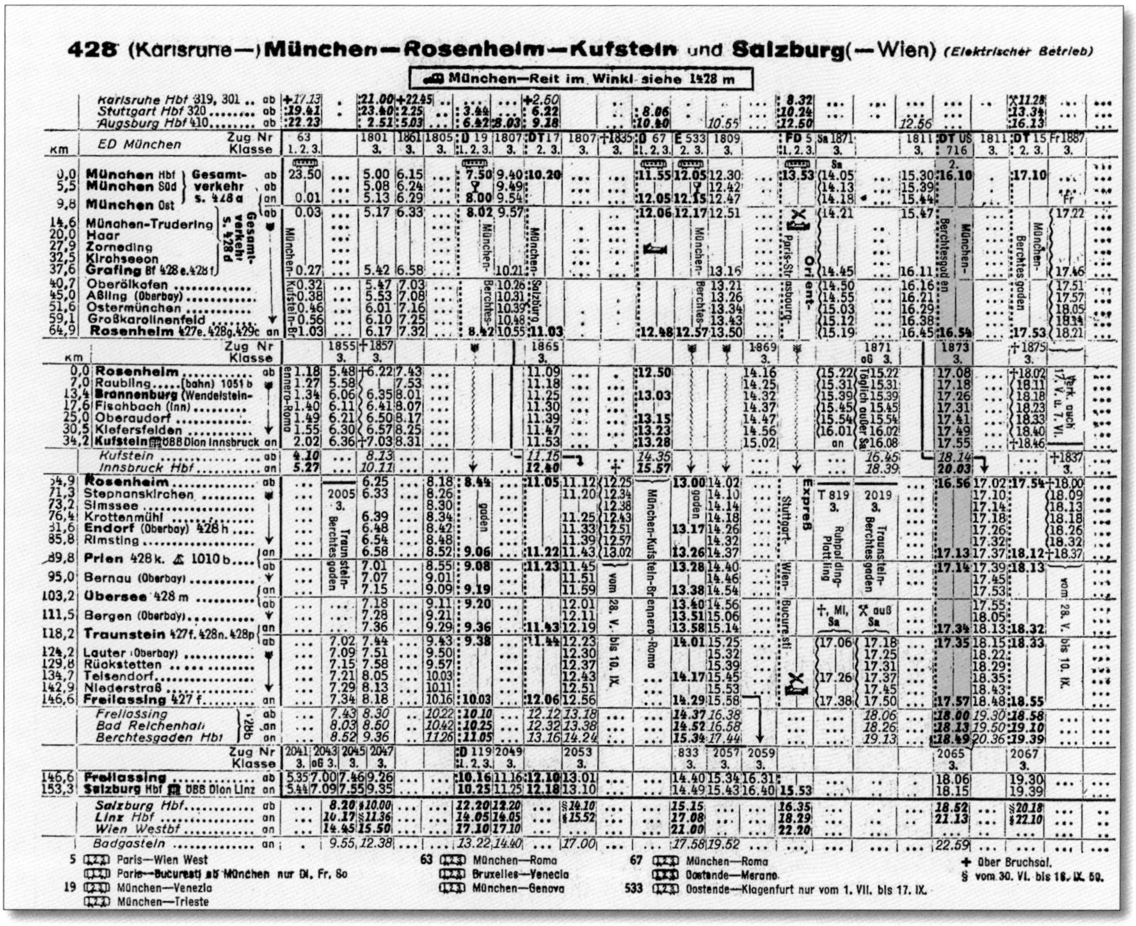

428 (Karlsruhe—) **München—Rosenheim—Kufstein** und **Salzburg**(—Wien) *(Elektrischer Betrieb)*

München—Reit im Winkl siehe 1428 m

5 Paris—Wien West; Paris—Bucuresti ab München nur Di, Fr, So
19 München—Venezia; München—Trieste
63 München—Roma; Bruxelles—Venezia; München—Genova
67 München—Roma; Oostende—Merano
533 Oostende—Klagenfurt nur vom 1. VII. bis 17. IX.
+ Über Bruchsal.
§ vom 30. VI. bis 16. IX. 50.

Bild 112 ▷ Das Kursbuch vom Sommer 1950 führt in der Fahrplantabelle der KBS 428 (Karlsruhe –) München – Rosenheim – Kufstein und Salzburg (– Wien) den amerikanischen Militärzug DT US 716 von München Hbf nach Berchtesgaden auf.

Abbildung: Sammlung Ronald Krug

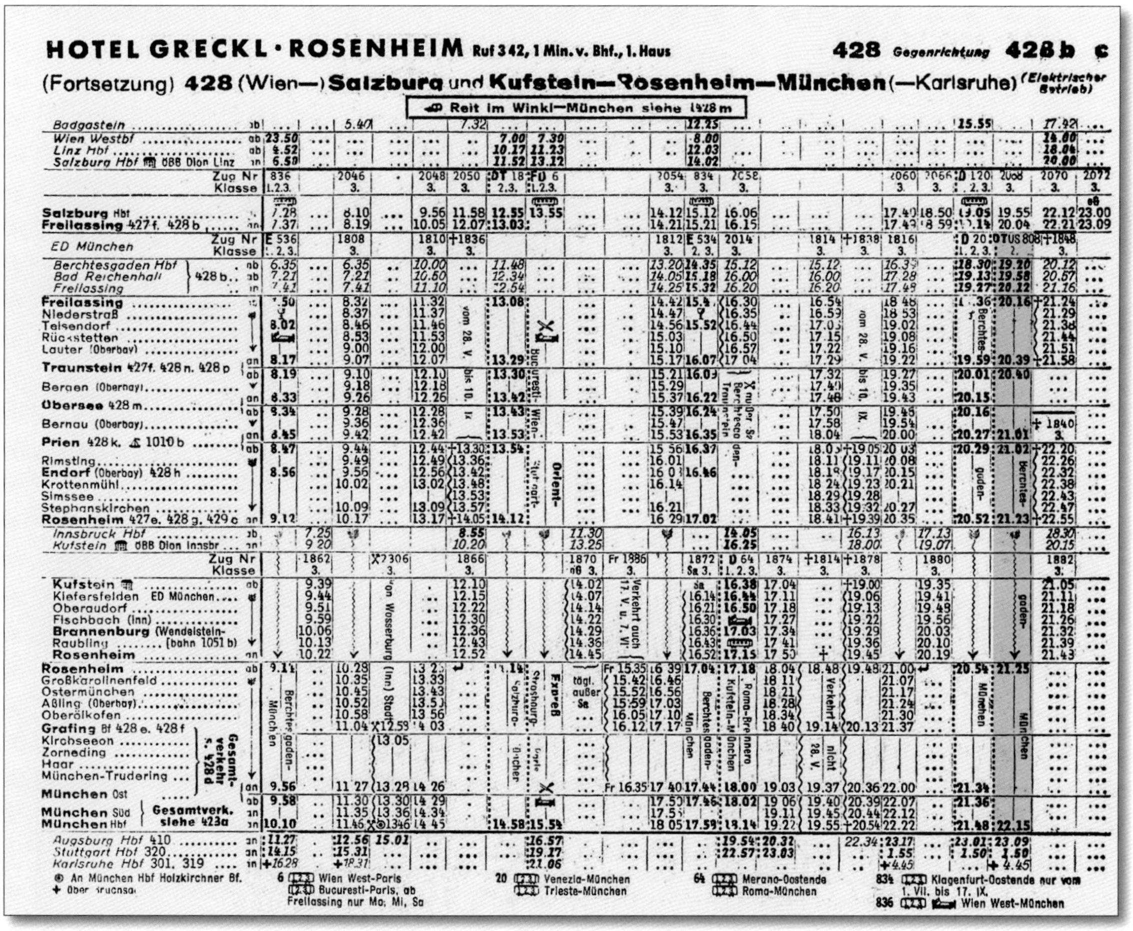

HOTEL GRECKL · ROSENHEIM Ruf 342, 1 Min. v. Bhf., 1. Haus — **428** Gegenrichtung **428 b c**

(Fortsetzung) **428** (Wien—) **Salzburg** und **Kufstein—Rosenheim—München** (—Karlsruhe) *(Elektrischer Betrieb)*

Reit im Winkl—München siehe 1428 m

⊕ An München Hbf Holzkirchner Bf.
+ Über Bruchsal
6 Wien West-Paris; Bucuresti-Paris, ab Freilassing nur Mo, Mi, Sa
20 Venezia-München; Trieste-München
64 Merano-Oostende; Roma-München
834 Klagenfurt-Oostende nur vom 1. VII. bis 17. IX.
836 Wien West-München

Bild 113 ▷ In der Gegenrichtung war es der amerikanische Militärzug DT US 808 (Berchtesgaden – München Hbf).

Abbildung: Sammlung Ronald Krug

△ **Bild 114** • Vermutlich in Salzburg Hbf entstand um 1950 diese Aufnahme des olivgrün lackierten ET 11 01. Aufnahme: Sammlung EK-Verlag

△ **Bild 115** • Der noch mit seinem olivgrünen Anstrich versehene ET 11 01 wartet am 14. Mai 1950 als DT US 716 in München Hbf auf seine Abfahrt nach Berchtesgaden. Die Abfahrt in München Hbf war um 16.10 Uhr, die Ankunft in Berchtesgaden um 18.49 Uhr. Aufnahme: Dr. Günther Scheingraber, Sammlung Jörg Sauter

△ **Bild 116** • Zum Richtfest des Kraftwerks Penzberg am 8. August 1950 wurden die geladenen Gäste – Vertreter der Besatzungsmacht USA, Politiker und Journalisten – im ET 11 02 bis an die Baustelle vorgefahren. Der ET trägt noch das unansehnliche, militärische Olivgrün. Aufnahme: Sammlung Dr. Brian Rampp

△ **Bild 117** • Nach der Ankunft am Kraftwerk Penzberg verließen die geladenen Gäste den ET 11 02 und besichtigten die Baustelle. Gut ist die Triebfahrzeugnummer am Einstieg zu erkennen. Aufnahmen (2): Sammlung Dr. Brian Rampp

10.3 Betriebseinsatz ab Winter 1947/48

Der ET 11 03 stand mit schweren Kriegsschäden und weitgehend ausgeplündert im RAW Neuaubing. Auf eine Anfrage der RBD München teilte das RZA München am 7. Dezember 1945 mit, dass beim Wiederaufbau Teile für die Zugbeeinflussung, die Magnetschienenbremse und elektrische Uhren und Kochplatten weggelassen werden können. Da elektrische Scheibenwischer von Bosch in der nächsten Zeit nicht lieferbar seien, müssen handbetätigte Scheibenwischer eingebaut werden. Beschädigte Instrumente der Firma Deuta wie z. B. Geschwindigkeitsmesser können zwar nicht geliefert, aber bei der Firma repariert werden. Mit diesen Einschränkungen konnte der Triebwagen bis zum 29. April 1946 wieder einsatzfähig gemacht werden.

Als letzter der drei Triebwagen wurde der ET 11 02 Ende 1947 wieder in Betrieb genommen. Er war bis Oktober abgestellt gewesen.

Planmäßige Einsätze nach dem Krieg gab es erst im Winterfahrplan 1947/48 als DT 22/23 zwischen München Hbf und Stuttgart Hbf (und zurück) im Dienstplan Nr. 5 des Bww München Hbf. Als Fahrzeit werden vier Stunden angegeben, ein Zeichen für den damals noch schlechten Zustand der Infrastruktur. Die Zahl der monatlichen Betriebstage für die drei Triebwagen schwankte sehr stark zwischen Null und 24; die Wagen waren also nicht durchgehend im Einsatz. In dem ab 5. Oktober 1947 gültigen Reichsbahn-Kursbuch sind die Triebwagen als DT mit 2. und 3. Klasse enthalten. Die 2. Klasse durfte jedoch nur mit Zulassungskarte von Behördenmitarbeitern benutzt werden. Im Sommer 1949 waren die ET 11 zunächst nur an wenigen Tagen im Sonderverkehr im Einsatz. Am 1. August 1949 war eine Versuchsfahrt mit dem ET 11 03 von München nach Berchtesgaden angesetzt. Es sollte geprüft werden, ob trotz des schlechten Wagenlaufs ein Einsatz des Triebwagens möglich erschien. In Auswertung der Versuchsfahrt schlug das RZA München vor, den Triebwagen im Sonderverkehr für eine Höchstgeschwindigkeit von 90 km/h zuzulassen. Nach der Eintragung im Betriebsbuch war der Wagen ab 14. Mai 1950 im Schnellzugverkehr eingesetzt.

Neben den planmäßigen Fahrten liefen die ET 11 weiter im Sonderverkehr. So brachte der ET 11 02 am 8. August 1950 deutsche und amerikanische Ehrengäste zum Richtfest des Dampfkraftwerks in Penzberg an der elektrisch betriebenen Kochelseebahn (siehe Bilder 116 und 117 auf S. 65). Das Kraftwerk verfügte über einen eigenen Gleisanschluss mit Oberleitung, so dass der Triebwagen, damals noch im olivgrünen US-Anstrich, die Gäste direkt auf das Werksgelände bringen konnte. Das Kraftwerk war für die Verfeuerung oberbayerischer Pechkohle mit nur mittlerem Heizwert schon in den dreißiger Jahren geplant worden, hatte während des Krieges seinen Baubeginn erlebt und war nach dem Krieg mit Mitteln aus dem Marshallplan fertiggestellt worden, was die Anwesenheit der amerikanischen Ehrengäste erklärt. Ein Jahr später wurde das Kraftwerk mit 12,5 MW Leistung in Betrieb genommen.

Der ET 11 03 war ab Dezember 1951 nach einigen Verzögerungen durch den Neubau der Drehgestelle bei Rathgeber wieder im Einsatz. Er hatte den blau/grauen Anstrich erhalten, jedoch noch die alte Zug- und Stoßeinrichtung mit Abschlepphaken und verkleideten Stangenpuffern.

Schon im Frühjahr 1951 war der ET 11 03 als DT 9/10 zwischen München und Salzburg im blau/grauen Anstrich unterwegs. Auf der Europäischen Fahrplankonferenz (EFK) wurde für den Sommer 1951 die Einführung einer Schnelltriebwagenverbindung DT 9/10 zwischen München und Villach über Salzburg vereinbart. Die HVB hatte vor diesem Hintergrund am 16. November 1950 angeordnet, dass die drei ET 11 zum Sommerfahrplan 1951 für die Verbindung München – Villach zur Verfügung stehen müssen. Planmäßig war ein ET 11 vorgesehen, zusätzlich ein Triebwagen als Reserve; die Verbindung nach Berchtesgaden sollte weiter bedient werden. Die Fahrzeit von München nach Villach wurde mit fünf Stunden und 40 Minuten angegeben.

Problematisch war die Forderung der ÖBB, dass auf der neuen Verbindung nur Fahrzeuge mit Klotzbremse eingesetzt

△ **Bild 118** • ET 11 03 zeigt sich 1948 in einem recht stark heruntergekommenen Zustand im Bww München Pasing West. Der Triebwagen trug offensichtlich keinen olivgrünen Anstrich, sondern behielt seinen Ursprungsanstrich, der zahlreiche Farbausbesserungen auswies. Der Ursprungsanstrich war noch im Sommer 1950 vorhanden.

Aufnahme: RBD München, Sammlung Dr. Brian Rampp

△ **Bild 119** • Anlässlich einer Probefahrt des ET 11 03 von München nach Berchtesgaden um 1951 entstanden in Hallthurm Werbefotos des aufgearbeiteten und neulackierten Triebwagens, jedoch hat er noch die alten Zughaken und Stangenpuffer. AUFNAHME: WERKFOTO AEG, SAMMLUNG HEINZ KURZ

werden sollten. Zum damaligen Zeitpunkt waren das nur ET 11 02 und ET 11 03. Der ET 11 02 war am 30. Mai 1951 fertiggestellt, beim ET 11 03 gab es Verzögerungen, da es z. B. bei den Rollenlagern Lieferschwierigkeiten gab. Daher mussten auch mit dem ET 11 01, der mit Trommelbremsen ausgerüstet war, genau wie mit dem fertigen ET 11 02 im Juni noch Bremsversuchsfahrten durchgeführt werden, um die Vorgaben der BBÖ zu erfüllen. Am 11. Juli 1951 genehmigten die ÖBB den Einsatz der ET 11 in Österreich, jedoch mit Rücksicht auf die Gefällestrecken mit folgenden Auflagen:

- Beim ET 11 01 muss die Magnetschienenbremse ständig in Bereitschaft sein,

D Paris - Karlsruhe - Stuttgart - München - Nürnberg - Praha - Warszawa / Klagenfurt / Italien / Wien - Balkan

D 311 2.3.			F 154 1.2.3.			F 5 1.2.3.	F 105 1.2.3.				Zug Nr / Klasse — Zug Nr / Klasse				F 106 1.2.3.	F 6 1.2.3.			F 153 1.2.3.			D 314 2.3.
f 8.10	g 8.25	...	✕	...	...	22.00	✕	...	...	...	ab Paris-Est an	...	...	...	✕	7.25	...	...	✕	...	...	23.10
f 13.15	g 13.05	...	von Oostende siehe	...	...	3.01	Paris-Praha-Express	...	...	...	Nancy-Ville an	...	...	...	Praha-Paris-Express	2.31	...	...	nach Oostende siehe	...	...	18.11
15.40	↙	...		...	...	5.15		...	...	...	Strasbourg-Ville an	...	...	...		0.20	...	...		...	...	15.02
15.55	...	...		...	...	5.30		...	...	...	an Kehl 🏛 ab	...	...	...		0.05	...	...		...	...	14.47
16.30	...	...		...	...	6.13		...	...	...	ab Kehl an	...	...	...		23.20	...	...		...	...	14.06
17.34	...	...		...	...	7.04		...	...	...	ab Baden-Oos ab	...	...	...		22.29	...	...		...	...	13.11
17.44	...	...	m	...	...	7.22		...	...	...	an *Baden-Baden* ab	...	...	...		22.04	...	...	m	...	...	*12.54*
18.08	...	...		...	...	7.30		...	...	...	an Karlsruhe Hbf ab	...	...	...		21.46	...	...		...	...	12.39
18.21	...	...	...	...	...	7.38	...	...	...	...	ab Karlsruhe Hbf an	...	...	...	...	21.38	...	...	...	...	...	12.32
20.10	...	...	7.11	...	...	9.21	↴	...	...	...	an Stuttgart Hbf ab	...	...	...	↱	20.03	...	...	23.29	...	...	10.58
20.24	...	...	7.19	...	...	9.33	9.46	...	...	...	ab Stuttgart Hbf an	...	...	...	19.33	19.47	...	...	23.21	...	...	10.30
23.50	...	...	✕	...	...		12.46	...	...	...	an Nürnberg Hbf ab	...	...	...	16.36	↑	...	...	✕	...	...	6.57
4.50	...	...	Tauern-Express	...	...	Orient-Express	13.05	...	...	...	ab Nürnberg Hbf an	...	...	...	16.16	Orient-Express	...	...	Tauern-Express	...	...	1.07
7.00	...	...		...	...		15.08	...	...	...	an Schirnding 🏛 J	...	...	...	14.15		...	...		...	...	22.55
15.20	...	...		...	...	↓	21.10	...	...	...	an Praha Wils. n.	...	...	...	8.05		...	...		...	...	16.30
8.12	...	...		...	...		15.16	...	...	...	an Warszawa Glowna ab	...	...	...	15.05		...	...		...	...	21.30
...	...	...	9.45	...	...	11.49	...	...	...	...	ab Augsburg Hbf ab	...	...	...	...	17.32	...	...	20.53	...	...	...
...	...	...	10.35	...	...	12.38	...	...	...	...	an München Hbf ab	...	...	...	...	16.43	...	...	20.08	...	...	...
D 19 1.2.3.					E 533 2.3.	✕		DT 9 2.	E 535 1.2.3.		Zug Nr / Klasse — Zug Nr / Klasse		E 536 1.2.3.	DT 10 2.	...	✕	E 534 2.3.				D 20 2.3.	
8.05	...	...	11.00	...	12.00	12.52	...	16.15	20.15	...	ab München Hbf an	...	9.31	13.00	...	16.29	17.40	...	19.34	...	20.55	...
10.11	...	...		...	14.16		...	17.59	22.30	...	an Freilassing ab	...	7.19	11.16	...		15.30	...		...	18.50	...
10.19	D 119	...		ET 504	14.27		...	18.02	22.40	835	ab Freilassing an	836	7.04	11.14	...		15.24	2056 3.		...	18.39	2056 3.
10.28		...	13.00		14.35	14.47	...	18.10	22.49		an Salzburg Hbf 🏛 ab		6.55	11.06	...	14.34	15.15		17.35	...	18.30	
E 731 1.2.3.	D 581 1.2.3.	1686 1.2.3.	D 101 1.2.3.		D 300 1.2.3.	D 122 1.2.3.	E 735 2.3.	TS 309 2.	D 228 1.2.3.		Zug Nr / Klasse — Zug Nr / Klasse		D 229 1.2.3.	TS 308 2.		D 123 1.2.3.	E 734 2.3.	D 301 1.2.3.	D 100 1.2.3.	D 580 1.2.3.	E 730 2.3	
10.55	...	...	13.30	...	...	15.25	15.50	18.50	23.30	...	ab Salzburg Hbf 🏛 an	...	4.55	10.45	...	13.45	14.20	...	17.00	...	17.56	...
12.15	...	...	14.34	...	...	✕	17.05	19.52	✕	...	an Schwarzach-St Veit	...	✕	9.41	...	✕	13.12	...	15.57	...	16.31	...
13.14	↙ ab	...	15.17	...	ab		17.58	20.31		...	an Badgastein	...	↑	9.05	...		12.27	an ↘	15.18	↙ an	15.50	...
15.15	16.30	...	17.00	→	17.25		20.00	22.05		...	an Villach Hbf ab	...		7.30	...	↑	10.33	12.50	13.33	12.55	14.00	...
16.25		...		...	18.04		21.03	*23.31*		...	an Klagenfurt Hbf ab	...		*6.10*	...		9.24	12.00		↑	12.40	...
...		...	17.42	...	...	Orient-Express	...	1.VII.–10.IX.		...	an Rosenbach 🏛 ab	...		2.VII.–11.IX.	...	Orient-Express	...	...	12.32		...	...
...		...	18.17	...	...		...			...	an Jesenice 🏛	...			...		...		12.00		...	...
...		...	20.30	...	...		...			...	an Ljubljana	...			...		...	625 1.2.3.	9.35		...	...
...	↓	...	23.40	...	...		...			...	an Zagreb Gl. Kol. ab	...			...		...		6.10		...	...
...	17.45	...		...	...		...	...		...	an Tarvisio C 🏛 ab	...		...	...		...	...	↑	11.55	...	...
509	18.35	↙ ab	Simplon-Orient-Express ab	...	...	↓	910 1.2.3.	...	↓	...	ab Tarvisio C an	...		...	909 1.2.3.		...	an	Orient-Simplon-Express bis Ljubljana	11.20	502	...
	20.15	20.45		...	...			...		...	an Udine	...		...			...	8.34		9.23		...
		23.10		...	...			...		...	an Trieste C.	...		...			...	6.50				...
	22.53	...		...	...		✕	...		...	an Venezia S Lucia ab	...		...	✕		...	...		6.25		...
...	...	...	Ljubljana-Orient-Express	...	...	17.05	Baltic-Orient-Express	...	1.27	...	an Linz Hbf ab	...	3.10	...	Orient-Baltic-Express	12.05	...	...	Ljubljana-Simplon-Express	...	...	...
...	...	...		...	...	17.54		...	3.10	...	an St Valentin	...	2.03	...		11.15	...	...		...	...	...
...	...	...		...	...	18.25		...	3.45	...	an Amstetten	...	1.30	...		10.43	...	...		...	...	...
...	...	...		...	...	19.29		...	4.57	...	an St Pölten	...	0.26	...		9.42	...	...		...	...	...
...	...	...		...	...	20.30		...	6.20	...	an Wien Westbf ab	...	23.25	...		8.40	...	...		...	...	...
...	...	...	Orient-Express	...	Arlberg-Orient-Express	23.15	...	...	...	...	ab Wien an	...	...	...	...	5.10	Orient-Arlberg-Express	...	...	...	...	...
...	...	...		...		...	...	...	...	...	an Bratislava hl n ab	...	...	...	...	...		...	...	...	...	...
...	...	...		...		5.00	...	...	...	...	an Budapest keleti pu ab	...	...	...	...	23.30		...	...	...	...	...
e Budapest nyugati pu			↓	...		8.40	e 22.05	...	...	...	ab Budapest keleti pu an	...	...	...	e 8.05	20.00		...	...	...	...	...
f bis 30. VI.				...		6.50	✕	...	...	...	an Bucuresti Nord OEZ ab	...	...	...	✕	23.40		...	...	...	...	...
g ab 1. VII.			7.25	...	...	...	7.43	...	...	...	an Beograd ab	...	...	...	...	21.50	...	...	...	22.30	...	...
			21.00	...	...	...	21.00	...	...	...	an Sofija OEZ ab	...	...	...	...	10.15	...	...	...	10.15	...	...
			20.40	...	...	...	20.40	...	...	...	an Istanbul Mosk. Z ab	...	...	...	...	8.20	...	...	...	8.20	...	...

Bild 120 ▷ Diese Kursbuchtabelle im Sommer-Kursbuch 1951 zeigt den Laufweg und die Fahrzeiten der DT 9 und DT 10 zwischen München und Villach. Interessant sind der 40-minütige Aufenthalt in Salzburg Hbf beim DT 9 und der 21-minütige beim DT 10. Auch zeigt diese Kursbuchtabelle, dass bei den ÖBB dieses Zugpaar die Zugnummern TS 309 und TS 308 trugen.

ABBILDUNG: DB-KURSBUCH SOMMER 1951, SAMMLUNG RONALD KRUG

ZUG- UND WAGEN-VERZEICHNIS

der Schnell- und Eilzüge

Gültig vom 7. Oktober 1951 an

Beilage zum Amtlichen Kursbuch „Westliches Deutschland" und zu den Amtlichen Kursbüchern „Nordwestdeutschland", „Süddeutschland" und „Südwestdeutschland"

Anmerkung: Bei Wagen, die auf andere Züge übergehen oder die aus anderen Zügen kommen, ist beim Umstellbahnhof der Anschlußzug in Klammern angegeben.
Die mit einem ⊙ versehenen Schlafwagen und Speisewagen sind Wagen der Internationalen Schlafwagen-Gesellschaft (ISG), die übrigen sind Wagen der Deutschen Schlafwagen- und Speisewagen-Gesellschaft (DSG).

Zeichenerklärung:

- ✕ = werktags
- † = sonn- und feiertags
- 🛏 = Schlafwagen
- ✕ = Speisewagen
- 🍷 = Verabreichung von Speisen und Getränken im Zuge
- ■ = für Platzkartenverkauf vorgesehen ~~(s. Seite Z 21—22)~~
- ◇ = Schreibabteil

Postwagen:

- 📯 = täglich
- 📯• = werktags
- 📯: = täglich außer Mo

— Änderungen vorbehalten —

Zug-Nr.	Kurs-, Schlaf-, Speise- u. Postwagen Klassen	Zug- und Wagenlauf
■F 1	2.✕◇	**Köln**-Düsseldorf-Essen-Dortmund-Hamm (Westf) -Münster (Westf)-Osnabrück-Bremen-**Hamburg-Altona**
■D 1	2.3.📯	**Frankfurt** (Main)-Bebra-Erfurt-Halle (Saale)-**Berlin** Stadtb
	2.3.	Kassel (E 501)-Bebra (D 1)-Berlin
	📯	Frankfurt (Main)-Erfurt-Leipzig
■F 2	2.✕◇	**Hamburg-Altona**-Bremen-Osnabrück-Münster (Westf)-Hamm (Westf)-Dortmund-Essen-Düsseldorf-**Köln**
D 2	2.3.📯	**Berlin** Stadtb-Halle (Saale)-Erfurt-Bebra-**Frankfurt** (Main)
	2.3.	Berlin-Bebra (E 502)-Kassel
■F 3	2.✕◇	**Frankfurt** (Main)-Mainz-Koblenz-Bonn-Köln-Wuppertal-Hamm (Westf)-Münster (Westf) Osnabrück-Bremen-**Hamburg-Altona**
■F 4	2.✕◇	**Hamburg-Altona**-Bremen-Osnabrück-Münster (Westf)-Hamm (Westf)-Dortmund-Essen-Düsseldorf-Köln-Bonn-Koblenz-Mainz-**Frankfurt** (Main)
F 5	1.2.3.	**Paris** Est-Straßbourg-Kehl-Karlsruhe-Stuttgart-Augsburg-München-Salzburg-**Wien** Westbf **(Orient-Expreß)**
	1.2.3.	Paris-Stuttgart (F 105)-Praha-Warszawa
	1.2.	Paris-Baden-Oos (2372)-Baden-Baden (mit Schlafplätzen)
	⊙🛏1.2.	Paris-Wien
	⊙🛏1.2.	Paris-Stuttgart (F 105)-Nürnberg
	⊙✕	Kehl-Wien
F 6	1.2.3.	**Wien** Westbf-Salzburg-München-Augsburg-Stuttgart-Karlsruhe-Kehl-Strasbourg-**Paris** Est **(Orient-Expreß)**
	1.2.3.	Warszawa (F 106)-Praha-Stuttgart (F 6)-Paris
	1.2.	Baden-Baden (2467)-Baden-Oos (F 6)-Paris (mit Schlafplätzen)
	⊙🛏1.2.	Nürnberg (F 106)-Stuttgart (F 6)-Paris
	⊙🛏1.2.	Wien-Paris
	⊙✕	Wien-Kehl
FT 7	2.✕	**Basel** SBB-Karlsruhe-Mannheim-Mainz-Koblenz-Bonn-Köln-Wuppertal-Hagen-**Dortmund**
	◇	Basel Bad Bf-Köln
D 7	1.2.3.	**Zürich**-Schaffhausen-Singen (Hohentwiel)-Stuttgart-Osterburken-**Würzburg**
	1.2.3.	Zürich-Würzburg (D 89)-Hamburg-Altona
	3.🍷	Konstanz (E 141)-Singen (Hohentwiel) (D 7)-Würzburg
FT 8	2.✕	**Köln**-Bonn-Koblenz-Mainz-Mannheim-Karlsruhe-**Basel** SBB
	◇	Köln-Basel Bad Bf
D 8	1.2.3.	**Würzburg**-Osterburken-Stuttgart-Singen (Hohentwiel)-Schaffhausen-**Zürich**
	■ 1.2.3.	Hamburg-Altona (D 90)-Würzburg (D 8)-Zürich
	3.🍷	Würzburg-Singen (Hohentwiel) (1436)-Konstanz
D 9	1.2.3.	**Zürich**-Schaffhausen-Singen (Hohentwiel)-**Stuttgart**
	3.	Konstanz (D 159)-Singen (Hohentwiel) (D 9)-Stuttgart
DT 9	2.	**München-Salzburg-Villach (15. XII. 51—15. III. 52)**
D 10	1.2.3.	**Stuttgart-Singen** (Hohentwiel)-Schaffhausen-**Zürich**
	3.	Stuttgart-Singen (Hohentwiel) (E 138)-Konstanz
DT 10	2.	**Villach-Salzburg-München (16. XII. 51—16. III. 52)**
F 11	1.2.3.	**Paris** Nord-Liège-Aachen-Köln-Düsseldorf-Essen-Münster (Westf)-Osnabrück-Bremen-Hamburg-Altona-Flensburg-Fredericia-Nyborg-**Kobenhavn (Nord-Expreß)**
	1.2.	Paris-Köln (F 111)-Berlin (D 4)-Warszawa
	1.2.3.	Oostende (F 52)-Aachen (F 11)-Köln (F 111)-Berlin Stadtb
	1.2.3.	Oostende (F 52)-Aachen (F 11)-Kobenhavn
	⊙🛏1.2.3.	Oostende (F 52)-Aachen (F 11)-Kobenhavn
	⊙🛏1.2.3.	Paris-Kobenhavn-Stockholm
	⊙🛏1.2.3.	Paris-Kobenhavn
	⊙🛏1.2	Paris-Köln (F 111)-Hannover
	⊙✕	Osnabrück-Nyborg

◁ **Bild 121**
Das Sommerkursbuch 1951 zeigt im „Zug- und Wagenverzeichnis der Schnell- und Eilzüge" den Einsatzzeitraum der DT 9 und DT 10 zwischen München und Villach.

Abbildung: DB-Kursbuch Sommer 1951, Sammlung Ronald Krug

◁ **Bild 122**
Auf dem Weg nach München Hbf befindet sich im Sommer 1952 diese Doppeleinheit aus zwei ET 11 als DT 10 von Villach. Beim Fahren in Doppeltraktion wurde beim hinteren Triebwagen nur ein Stromabnehmer angelegt, um den Fahrdrahtanhub zu begrenzen.

Aufnahme: Dr. Günther Scheingraber, Sammlung Jörg Sauter

△ **Bild 123** • Doppeleinheit aus ET 11 01 und ET 11 03 am 23. August 1952 in München Hbf. Die Triebwagen haben die neue Zug- und Stoßeinrichtung.
AUFNAHME: DR. GÜNTHER SCHEINGRABER/EK-VERLAG

- im Abschleppfall darf die Geschwindigkeit in der Ebene 30 km/h, im Gefälle 20 km/h nicht überschreiten,
- ET 11 mit Klotzbremse dürfen ohne Einschränkung verkehren,
- der ET 11 02 ist an der Stirnseite mit Bremskupplungen auszurüsten.

Die Züge nach Villach konnten daher erst vom 1. Juli bis 10. September 1951 verkehren. Als Abfahrtszeit in Villach Hbf wird morgens um 7.30 Uhr angegeben, als Ankunft in München Hbf gilt bei planmäßigem Verlauf 13.00 Uhr, die Rückfahrt erfolgte um 16.15 Uhr bei einer Ankunft in Villach Hbf um 22.05 Uhr. Einsatzfähig waren zunächst nur ET 11 01 und ET 11 02. Der ET 11 03 kehrte am 7. August 1951 vom Umbau bei Rathgeber zurück, konnte aber wegen notwendiger Nacharbeiten erst am 21. November 1951 betrieblich eingesetzt werden. Im Sommer 1952 fuhren von München bis Salzburg zwei Triebwagen gekuppelt, von Salzburg nach Villach nur ein Einzeltriebwagen. Wie Fotografien zeigen, war bei der Doppeleinheit am hinteren Triebwagen vielfach nur ein Stromabnehmer gehoben, um den Fahrdrahtanhub

△ **Bild 124** • ET 11 01 und ET 11 02 verlassen am 26. Juli 1952 als DT 9 den Münchner Hauptbahnhof zur Fahrt nach Villach. AUFNAHME: DR. GÜNTHER SCHEINGRABER, SAMMLUNG JÖRG SAUTER

△ **Bild 125** • Am 21. März 1952 erwartet ET 11 03 am 21. März 1952 in München Hbf als DT 9 in Richtung Salzburg den Abfahrauftrag. AUFNAHME: DR. GÜNTHER SCHEINGRABER/EK-VERLAG

zu begrenzen. Die Stromversorgung war durch die verbindende Dachleitung gesichert.

Die Doppelführung im deutschen Abschnitt bis Salzburg konnte die fallweise Überbesetzung nicht verhindern, vor allem nicht in der Festspielzeit, während im österreichischen Abschnitt das Platzangebot völlig ausreichte. Der Zug musste schließlich durch einen lokbespannten ersetzt werden.

Im Winterfahrplan 1951/52 verkehrten die DT 9/10 vom 15, Dezember 1951 bis 15. März 1952 wieder von München bis Villach, wie es im Zug- und Wagenverzeichnis vom 7. Oktober 1951 festgehalten ist. Bei Ausfall des ET 11 musste ein lokbespannter Zug mit zwei B4ü-Wagen einspringen.

Der ET 11 02 war vom 22. bis 29. Oktober 1951 in der Betriebsabteilung München Hbf zur Beseitigung eines Rangierschadens. Im Dezember 1951 kam es jedoch in Villach zu einem größeren Unfall, der erhebliche Schäden an den Wagenteilen a und b verursachte: Vordere Schürzen und Pufferbohle eingedrückt, Triebdrehgestell beschädigt und Zahnradschutzkasten aufgerissen. Nach der Rückführung nach München wurden die Schäden bei WMD in Donauwörth beseitigt. Gleichzeitig wurde die fällige Untersuchung T 4 durchgeführt, neue Zug- und Stoßeinrichtungen eingebaut und die Vielfachsteuerung nachgerüstet. Damit konnte der ET 11 02 jetzt ohne Einschränkungen gekuppelt werden. Ende Mai 1952 war der Triebwagen wieder einsatzfähig.

Als singuläres Ereignis ist die am 27. Juni 1952 durchgeführte Probefahrt mit ET 11 01 von München nach Regensburg anzusehen. Planmäßig ist der ET 11 auf dieser Strecke nie gefahren.

Für den Sommerfahrplan 1952 hatten DB und ÖBB die Beibehaltung der DT 9/10 vereinbart, die in Österreich als TS 309/310 bezeichnet wurden (TS steht für Triebwagen-Schnellzug). Um im Abschnitt München – Salzburg ein ausreichendes Platzangebot sicherzustellen, war die Ausrüstung der ET 11 mit Vielfachsteuerung zwingende Voraussetzung. Alle drei ET 11 waren im Sommer 1952 im Einsatz. Waren die Züge nicht verfügbar, wurde ein lokbespannter Zug eingesetzt. Die zwei notwendigen B4ü-Wagen wurden aus der Garnitur des F 56 „Blauer Enzian“ ausgereiht. Am folgenden Tag wurden die beiden Wagen wieder in den F 55 „Blauer Enzian“ eingestellt.

Auf dem deutschen Streckenabschnitt hielten die Triebwagen u. a. in Rosenheim und Freilassing, in Österreich u. a. in Bi-

Dt 143 W 2. ** Gbl Süd	**München** (7.00)—Augsburg—**Nürnberg** (9.05)				
	B/BPwelT München—Nürnberg	*144*	*144*	*Mü*	*3605*
Gbl Süd **Dt 144** W Sa 2. **	**Nürnberg** (19.12)—Augsburg—**München** (21.27)				
	B/BPwelT Nürnberg—München	*143*	*143*	*Mü*	*3605*
nS; 1)	B/BPwelT „ „	„	„	„	„

¹) statt 25. V. am 26. V.

△ **Bild 126** • Der Zugbildungsplan AR vom Sommer 1953 mit den Angaben zu den Dt 143 und 144; der Hinweis auf die eingesetzten ET 11 ergibt sich aus der Bezeichnung „B/BPwelT“. ABBILDUNG: ZP AR DER DB, SAMMLUNG RONALD KRUG

△ **Bild 127** • Im letzten Tageslicht erreicht der ET 11 03 im Sommer 1952 als DT 9 nach Villach den Salzburger Hauptbahnhof. Aufnahme: Sammlung Dr. Günther Scheingraber/EK-Verlag

schofshofen, Badgastein und Spittal-Millstättersee. Als Fahrzeit galten für München – Salzburg rund zwei Stunden, für Salzburg – Villach rund drei Stunden und 40 Minuten. Die Fahrpläne waren für die damals zulässige Höchstgeschwindigkeit der ET 11 von 120 km/h gerechnet. Auf den Führerständen wurde auf diese Begrenzung der Höchstgeschwindigkeit ausdrücklich hingewiesen: „Höchstgeschwindigkeit vorübergehend auf 120 km/h herabgesetzt."

Im Winterfahrplan 1952/53 verkehrten die DT 9/10 nur zwischen München und Salzburg vom 20. Dezember 1952 bis 8. April 1953. Für die Nachtabstellung wurde der Triebwagen als Leerfahrt nach Freilassing gefahren. Am 30. März 1953 brach beim ET 11 03 als DT 10 auf der Fahrt nach München wiederum eine Radscheibe. Die Reparatur dauerte zehn Monate, bis der Triebwagen am 29. Januar 1954 wieder zur Verfügung stand.

Im Sommerfahrplan 1953 wurde der Adria-Expreß eingeführt, der in der Zeitlage zwischen München und Villach etwa den bisherigen DT 9/10 entsprach. Damit gab es für den ET 11 von München nach Villach über die Tauernbahn keine Einsatzmöglichkeit mehr. Der grenzüberschreitende Einsatz

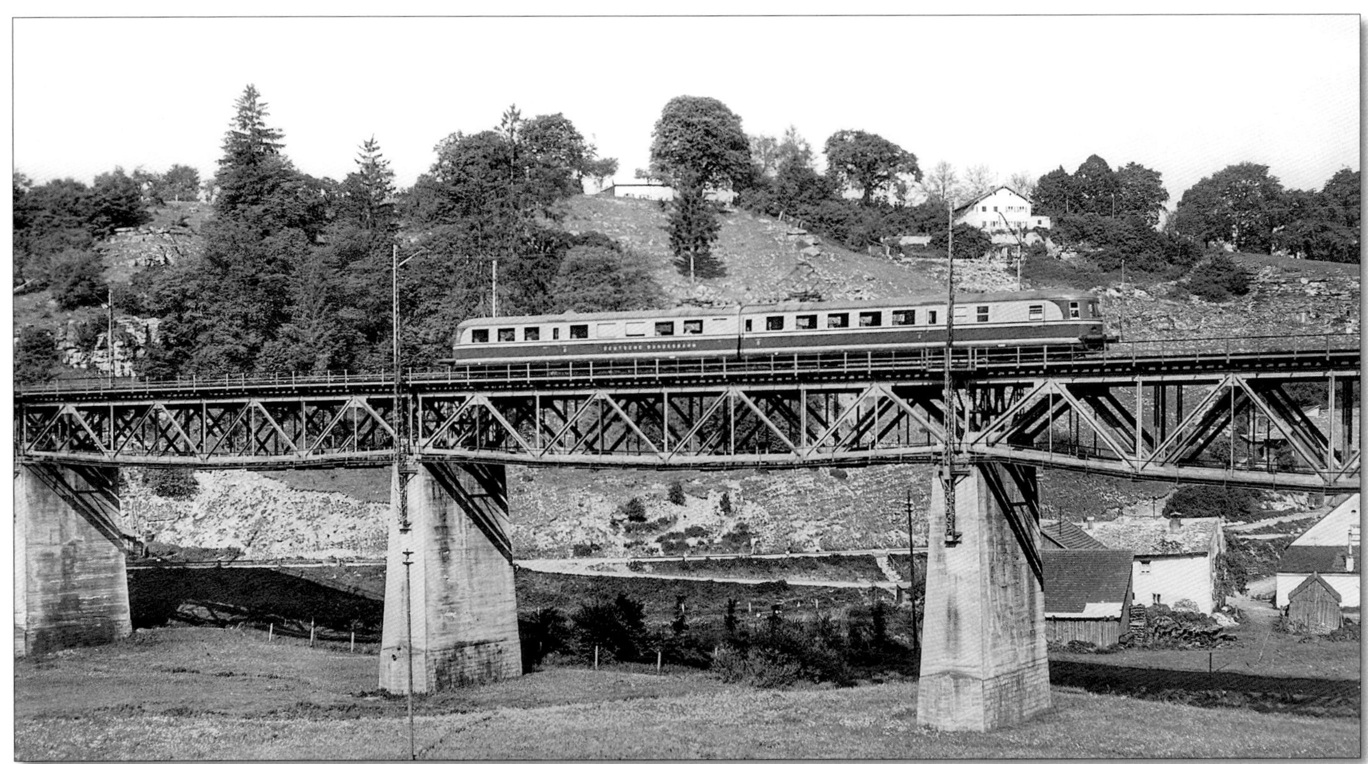

△ **Bild 128** • ET 11 01 überquert im Sommer 1953 als Dt 143 (München – Nürnberg) die Möhrenbach-Brücke kurz vor Treuchtlingen. Im Sommerfahrplan 1953 wurde ein ET 11 planmäßig nach Nürnberg eingesetzt. Aufnahme: Carl Bellingrodt/EK-Verlag

des ET 11 hatte damit sein Ende erreicht. Rückblickend muss man sagen, dass dieser Einsatz kaum mehr als eine Notlösung war. Die Strecke nach Villach war auf den ET 11 als schnelles Flachlandfahrzeug mit ihren Steigungsabschnitten auf der Tauernstrecke nicht zugeschnitten. Der ET 11 war zeitlebens ein Versuchsträger, der nur mit Mühe unter engen Randbedingungen für den kommerziellen Einsatz ertüchtigt werden konnte. Änderten sich diese Randbedingungen, entfiel in der Regel auch der kommerzielle Einsatz. Das gilt auch für den kurzlebigen Einsatz als MÜNCHNER KINDL. Die konstruktiv zugelassene Höchstgeschwindigkeit von 160 km/h wurde vom ET 11 planmäßig nie gefahren. In seinen letzten Jahren wurden 120 km/h nicht überschritten.

Statt der Verbindung nach Villach wurde im Sommerfahrplan 1953 neu die Verbindung München – Nürnberg mit Halt in Augsburg mit dem ET 11 als DT 143/144 eingerichtet. Der Zug verkehrte nur Werktags, DT 144 nur von Montag bis Freitag. Bei jeweils einer Minute Aufenthalt in Augsburg waren als Fahrzeit gut zwei Stunden angegeben. Der Zug fuhr morgens um 7.00 Uhr in München ab und erreichte Nürnberg um 9.05 Uhr, der Gegenzug verließ Nürnberg um 19.12 Uhr und erreichte München Hbf um 21.27 Uhr. Für die Nürnberger Leistung konnten die ET 11 01 und ET 11 02 eingesetzt werden. Bei Bedarf wurde in Doppeltraktion gefahren.

Der regelmäßige Einsatz endete bereits mit dem Sommerfahrplan 1953, im Winterhalbjahr 1953/54 waren die Triebwagen nur an einzelnen Tagen im Einsatz, von November 1953 bis Januar 1954 ist überhaupt kein Einsatz verzeichnet.

Die DB suchte weiter – fast könnte man sagen verzweifelt – nach einer Einsatzmöglichkeit für die drei ET 11. Überlegungen für die Strecke Salzburg – Straßburg zerschlugen sich bald. Aus heutiger Sicht ist es nicht nachvollziehbar, warum man überhaupt auf diesen Vorschlag verfallen ist. Aus den technischen Merkmalen des ET 11 hätte man ableiten können, dass er für längere Schleppfahrten nicht geeignet ist und selbst im deutschen Netz bei niedergelegten Stromabnehmern nicht uneingeschränkt profilfrei war. Der nicht elektrifizierte Abschnitt Mühlacker – Straßburg wäre nur in Schleppfahrt zu bewältigen gewesen. Über eine Länge von 120 km wären Heizung, Küche und Magnetschienenbremse nicht nutzbar gewesen, die Beleuchtung aus der Batterie nur mit Einschränkungen. Auf der Strecke Kehl – Straßburg wurde die französische Fahrzeugumgrenzungslinie insbesondere im unteren Bereich nicht eingehalten.

◁ **Bild 129**
ET 11 01 am 25. Januar 1956 bei Gauting. Eine Sonderfahrt nutzte der Fotograf der BD München für ein Porträtfoto.

◁ **Bild 130**
Hier zeigt sich der ET 11 03 am 24. Juni 1955 im Bww München-Pasing West. Im Vergleich zur Aufnahme oben sind mehrere Unterschiede zwischen den beiden Triebwagen zu erkennen: z. B. die Schürzenverkleidungen an den Drehgestellen und die Stromabnehmer.

△ **Bild 131 •** Als Fußballsonderzug kam der ET 11 01 im Februar 1956 nach Starnberg. Die Aufnahme zeigt den Triebwagen in der Ausfahrt nach Garmisch-Partenkirchen.

Weitere Vorschläge verliefen ebenfalls im Sande. Für Heidelberg – München/Salzburg ergab sich kein wirtschaftlicher Einsatz. Auch der Vorschlag der GBL Süd vom August 1954, den ET 11 im Sonderverkehr als Fahrzeug 3. Klasse einzusetzen, fand kein Echo. Der in der Literatur gelegentlich genannte Einsatz als Eiltriebwagen ET 692/693 zwischen München und Innsbruck im Sommer 1954 wäre wegen der Bremsprobleme auf der Mittenwaldbahn allenfalls von kurzer Dauer gewesen. Naheliegender ist, dass der Einsatz mit Messfahrten zwischen Seefeld und Innsbruck zum thermischen Verhalten der Trommelbremse verwechselt worden ist.

Ab Juli 1954 waren alle ET 11 abgestellt. Die ET 11 01 und ET 11 02 wurden sogar von der Ausbesserung zurückgestellt (Z-Stellung vom 17. Juli 1956 bis 24. Juni 1957 bzw. vom 1. November 1955 bis 27. Mai 1956).

△ **Bild 132 •** Nochmal der ET 11 01 als Fußballsonderzug im Februar 1956 in Starnberg. Die Aufnahme entstand aus dem in der Ausfahrt nach Garmisch-Partenkirchen stehenden Stellwerk. Carl Bellingrodt nutzte damals dieses Stellwerk ebenfalls für seine Aufnahmen. Aufnahmen (4): BD München, Sammlung Dr. Brian Rampp

10.4 Betriebseinsatz als „Münchner Kindl"

Ein Lichtblick für einen weiteren Einsatz der Triebwagen zeigte sich mit der Elektrifizierung zwischen Darmstadt und Frankfurt am Main. Dieser Abschnitt war am 19. November 1957 für den elektrischen Zugbetrieb freigegeben worden. Zuvor, schon am 16. April 1957, absolvierte der ET 11 02 die schon genannte Probefahrt von Heidelberg nach München, um zu klären, ob der ET 11 auf der Strecke Frankfurt am Main – München als FT 29/30 gefahren werden könnte. Das Ergebnis war positiv, die notwendigen Umbauten wurden ab August 1957 vorgenommen, wobei die Küche bei Hansa-Waggon in Bremen umgebaut wurde.

Nach dem Umbau durch Hansa-Waggon und BBC in Bremen, der Neulackierung in Purpurrot (RAL 3004) mit anthrazitfarbener Kopfpartie (RAL 7021) und cremefarbigen Zierstreifen, dem Umbau des Speiseraumes durch die DB im AW Cannstatt sowie der Abnahme in Cannstatt zwischen Mitte und Ende November 1957 wurden die Triebwagen ab dem 25. November 1957 als FT 29/30 zwischen Frankfurt am Main und München eingesetzt. Die ET 11 lösten auf dieser Strecke die Dortmunder VT 08 ab. Die Fahrzeit München – Frankfurt (M) betrug rund 5 Stunden, die Entfernung etwa 440 km. Die Fahrpläne waren für eine Höchstgeschwindigkeit von 120 km/h gerechnet. Beheimatet waren die Triebwagen weiter beim Bww München Hbf. Der Laufplan des Bww München ab 12. April 1958 nennt als Abfahrtszeit in Frankfurt 7.00 Uhr; bei der Rückfahrt ab 18.28 Uhr in München Hbf wird die Ankunft in Frankfurt Hbf mit 23.30 Uhr angegeben. Betriebsaufnahmen zeigen z. B. den ET 11 01 in Frankfurt am Main Hbf sowie im Mai 1958 als FT 30 in Stuttgart Hbf.

Die Fahrzeuge trugen das Gattungszeichen APw4yk/A4y. Ein alternativer Farbvorschlag des BZA München in F-Zug-Blau war nach [10] von der HVB abgelehnt worden. Die Einsätze erfolgten sowohl als Einzel- wie auch als Doppeltriebwagen, wie Aufnahmen aus der Betriebszeit zeigen. Planmäßige Halte gab es in Darmstadt, Heidelberg, Stuttgart, Ulm und Augsburg.

Mindestens im Sommer 1958 fuhren die ET 11 bei starkem Verkehrsaufkommen in Doppeltraktion. Für die DSG bedeutete das die doppelte Bewirtschaftung mit zwei Teams. Für den Lokfahrdienst brachte der Sommer 1958 eine Entlastung, da der Beimann eingespart werden konnte.

Erst in seiner letzten Einsatzphase erhielt der ET 11 den Einheitsstromabnehmer DBS 54. Bis zu diesem Zeitpunkt fuhr er mit Altbau-Stromabnehmern (ET 11 02 kurzzeitig mit SBS 39). Bei Doppeltraktion konnten dabei im Ausnahmefall alle vier Stromabnehmer gehoben sein. Falls die ET-11-Garnitur – z. B. bei Störungen an der Fernsteuerung – gewendet werden musste, fanden in Frankfurt am Main – wie Ronald Krug berichtet – zwischen Frankfurt (M)-Griesheim und Frankfurt (M)-Niederrad Dreiecksfahrten über die Niederräder Brücke statt.

Nachdem der ET 11 im Winterfahrplanabschnitt 1958/59 aus dem F-Zug-Dienst herausgenommen und durch einen lokbespannten Zug mit höherer Sitzplatzkapazität ersetzt worden waren, gab es nach dem März 1959 nur noch vereinzelte Einsätze. Die ET 11 01 und ET 11 02 wurden abgestellt und 1961 z-gestellt. Der ET 11 01 wurde für Sonderfahrten noch fallweise eingesetzt.

△ **Bild 133** • Den Umbau für den FT-Verkehr erledigte Hansa-Waggon in Bremen. Anschließend wurde der Triebwagen ins AW Stuttgart-Bad Cannstatt gefahren, wo Restarbeiten, wie der Umbau des Speiseraums, und die Abnahme erfolgten. Die Aufnahme zeigt den ET 11 02 im Herbst 1957 auf dem Werkshof von Hansa-Waggon in Bremen.

Aufnahme: Hansa-Waggon, Sammlung Joachim Deppmeyer

△ **Bild 134** • Nach der Abnahme im AW Stuttgart-Bad Cannstatt wurden die drei Triebwagen nach München überführt. Der am 19. November 1957 abgenommene Triebwagen ET 11 02 wurde – „wie aus dem Ei gepellt“ – am 30. November 1957 im Bww München-Pasing West fotografiert. AUFNAHME: DR. GÜNTHER SCHEINGRABER/EK-VERLAG

△ **Bild 135** • Nochmals der ET 11 02, nun vom anderen Fahrzeugende her fotografiert. AUFNAHME: DR. GÜNTHER SCHEINGRABER, SAMMLUNG JÖRG SAUTER

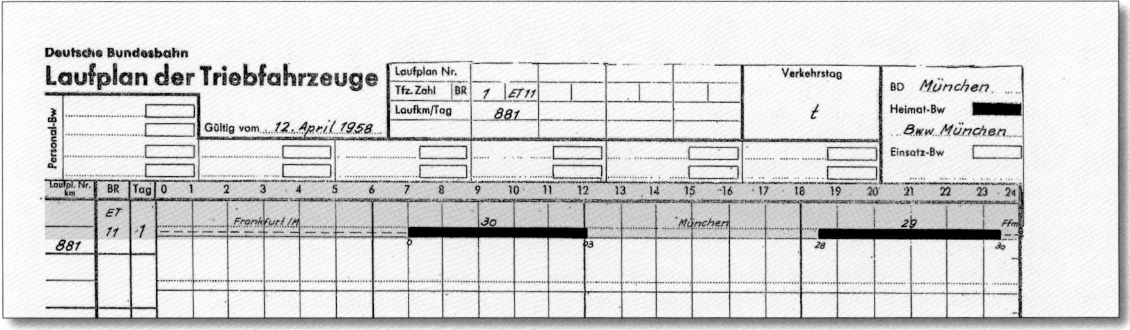

Deutsche Bundesbahn

Laufplan der Triebfahrzeuge

Laufplan Nr.		Verkehrstag	BD München
Tfz. Zahl / BR	1 / ET 11	t	Heimat-Bw ▇▇▇
Laufkm/Tag	881		Bww München
			Einsatz-Bw

Gültig vom 12. April 1958

Laufpl. Nr. km	BR	Tag	0–24
881	ET 11	1	Frankfurt (M) – 30 – München – 29 – Ffm

◁ **Bild 136** Umlaufplan für den ET 11 und dessen Zugleistung FT 29/30, gültig ab dem 12. April 1958.

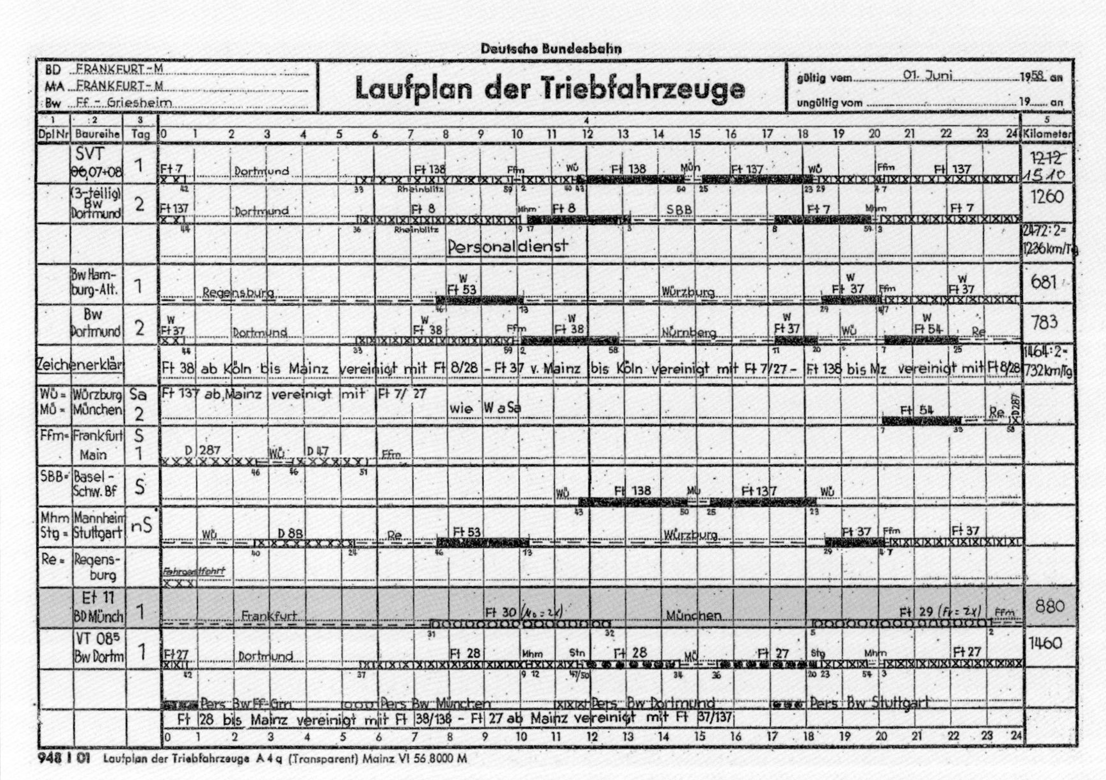

Deutsche Bundesbahn

Laufplan der Triebfahrzeuge

BD Frankfurt-M
MA Frankfurt-M
Bw Ff.-Griesheim

gültig vom 01. Juni 1958 an
ungültig vom ... 19... an

DplNr	Baureihe	Tag	0–24	Kilometer
	SVT 06,07+08	1	Ft 7 Dortmund – Ft 138 Ffm – Wü – Ft 138 – Mün – Ft 137 – Wü – Ffm – Ft 137	~~1212~~ 1510
	(3-teilig) Bw Dortmund	2	Ft 137 Dortmund – Ft 8 Rheinblitz – Mhm – Ft 8 – SBB – Ft 7 – Mhm – Ft 7	1260
			Personaldienst	2472:2= 1236 km/Tg
	Bw Hamburg-Alt.	1	Regensburg – W Ft 53 – Würzburg – W Ft 37 – Ffm – W Ft 37	681
	Bw Dortmund	2	W Ft 37 Dortmund – W Ft 38 – Ffm – W Ft 38 – Nürnberg – W Ft 37 – Wü – W Ft 54 – Re	783
Zeichenerklär			Ft 38 ab Köln bis Mainz vereinigt mit Ft 8/28 – Ft 37 v. Mainz bis Köln vereinigt mit Ft 7/27 – Ft 138 bis Mz vereinigt mit Ft 8/28	1464:2= 732 km/Tg
Wü = Würzburg, Mü = München		Sa 2	Ft 137 ab Mainz vereinigt mit Ft 7/27 – wie W a Sa – Ft 54 – Re – D 287	
Ffm = Frankfurt Main		S 1	D 287 – Wü – D 47 – Ffm	
SBB = Basel-Schw. Bf		S	Wü – Ft 138 – Mü – Ft 137 – Wü	
Mhm = Mannheim, Stg = Stuttgart		nS	Wü – D 88 – Re – Ft 53 – Würzburg – Ft 37 – Ffm – Ft 37	
Re = Regensburg			Fahrzeugfahrt	
	Et 11 BD Münch	1	Frankfurt – Ft 30 (Fz = 2x) – München – Ft 29 (Fz = 2x) – Ffm	880
	VT 08⁵ Bw Dortm	1	Ft 27 Dortmund – Ft 28 – Mhm – Stn – Ft 28 – Mü – Ft 27 – Stg – Mhm – Ft 27	1460
			Pers. Bw Ff-Grm – Pers. Bw München – Pers. Bw Dortmund – Pers. Bw Stuttgart	
			Ft 28 bis Mainz vereinigt mit Ft 38/138 – Ft 27 ab Mainz vereinigt mit Ft 37/137	

948 I 01 Laufplan der Triebfahrzeuge A 4 q (Transparent) Mainz VI 56 8000 M

◁ **Bild 137** Ab dem 1. Juni 1958 (Beginn des Sommerfahrplans 1958) gültiger Umlauf (drittletzte Zeile).

Deutsche Bundesbahn

5

Laufplan der Triebfahrzeuge

BD Frankfurt-M
MA Frankfurt-M
Bw Ff.-Griesheim

gültig vom 28. September 1958 an
ungültig vom ... 19... an

DplNr	Baureihe	Tag	0–24	Kilometer
	SVT 06,07+08	1	Ft 7 Dortmund – Ft 138 Ffm – Wü – Ft 138 – Mün – Ft 137 – Wü – Ffm – Ft 137	1212
	(3-teilig) Bw Dortmund	2	Ft 137 Dortmund – Ft 8 Rheinblitz – Mhm – Ft 8 – SBB – Ft 7 – Mhm – Ft 7	1260
			Personaldienst	2472:2= 1236 km/Tg
	Bw Hamburg-Alt.	1	Regensburg – W Ft 53 – Würzburg – W Ft 37 – Ffm – W Ft 37	681
	Bw Dortmund	2	W Ft 37 Dortmund – W Ft 38 – Ffm – W Ft 38 – Nürnberg – W Ft 37 – Wü – W Ft 54 – Re	783
Zeichenerklär			Ft 38 ab Köln bis Mainz vereinigt mit Ft 8/28 – Ft 37 v. Mainz bis Köln vereinigt mit Ft 7/27 – Ft 138 bis Mz vereinigt mit Ft 8/28	1464:2= 732 km/Tg
Wü = Würzburg, Mü = München		Sa 2	Ft 137 ab Mainz vereinigt mit Ft 7/27 – wie W a Sa – Ft 54 – Re – D 287	
Ffm = Frankfurt Main		S 1	D 287 – Wü – D 47 – Ffm	
SBB = Basel-Schw. Bf		S	Wü – Ft 138 – Mü – Ft 137 – Wü	
Mhm = Mannheim, Stg = Stuttgart		nS	Wü – D 88 – Re – Ft 53 – Würzburg – Ft 37 – Ffm – Ft 37	
Re = Regensburg			Fahrzeugfahrt	
	Et 11 BD Münch	1	Frankfurt – Ft 30 – München – Ft 29 – Ffm	880
	VT 08⁵ Bw Dortm	1	Ft 27 Dortmund – Ft 28 – Mhm – Stn – Ft 28 – Mü – Ft 27 – Stg – Mhm – Ft 27	1460
			Pers. Bw Ff-Grm – Pers. Bw München – Pers. Bw Dortmund – Pers. Bw Stuttgart	
			Ft 28 bis Mainz vereinigt mit Ft 38/138 – Ft 27 ab Mainz vereinigt mit Ft 37/137	

948 I 01 Laufplan der Triebfahrzeuge A 4 q (Transparent) Mainz VI 56 8000 M

◁ **Bild 138** Doch schon knapp vier Monate später wurde der Umlauf geändert: Abfahrt in Frankfurt am Main Hbf war nun um 7 Uhr.

Abbildungen (3): Sammlung Ronald Krug

△ **Bild 139** • Nach März 1959, als der planmäßige Einsatz der ET 11 beendet war, gab es nur noch vereinzelte Einsätze dieser Triebwagen. Im Juli 1959 steht ET 11 01 im Münchner Hauptbahnhof. AUFNAHME: REINHARD TODT/EISENBAHNSTIFTUNG

△ **Bild 140** • Zur Fahrt nach München als FT 30 steht ET 11 01 im Frühjahr 1958 in Frankfurt (Main) Hbf. AUFNAHME: WALTER HANOLD, ARCHIV JÖRG SAUTER

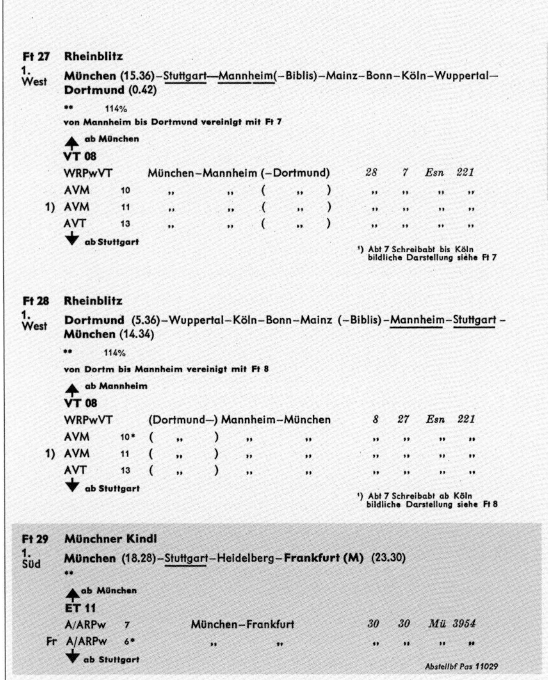

Ft 27 Rheinblitz
1. West — **München** (15.36)–Stuttgart–Mannheim(–Biblis)–Mainz–Bonn–Köln–Wuppertal–**Dortmund** (0.42)
•• 114%
von Mannheim bis Dortmund vereinigt mit Ft 7
▲ ab München
VT 08
WRPwVT München–Mannheim (–Dortmund) 28 7 Esn 221
AVM 10 " " (") " " " "
1) AVM 11 " " (") " " " "
AVT 13 " " (") " " " "
▼ ab Stuttgart
¹) Abt 7 Schreibabt bis Köln bildliche Darstellung siehe Ft 7

Ft 28 Rheinblitz
1. West — **Dortmund** (5.36)–Wuppertal–Köln–Bonn–Mainz (–Biblis)–Mannheim–Stuttgart–**München** (14.34)
•• 114%
von Dortm bis Mannheim vereinigt mit Ft 8
▲ ab Mannheim
VT 08
WRPwVT (Dortmund–) Mannheim–München 8 27 Esn 221
AVM 10* (") " " " " " "
1) AVM 11 (") " " " " " "
AVT 13 (") " " " " " "
▼ ab Stuttgart
¹) Abt 7 Schreibabt ab Köln bildliche Darstellung siehe Ft 8

Ft 29 Münchner Kindl
1. Süd — **München** (18.28)–Stuttgart–Heidelberg–**Frankfurt (M)** (23.30)
••
▲ ab München
ET 11
A/ARPw 7 München–Frankfurt 30 30 Mü 3954
Fr A/ARPw 6* " " " " " "
▼ ab Stuttgart
Abstellbf Pos 11029

Ft 30 Münchner Kindl
1. Süd — **Frankfurt (M)** (7.00)–Heidelberg–Stuttgart–**München** (12.03)
••
▲ ab Frankfurt (M)
ET 11
A/ARPw 7 Frankfurt–München 25 25 Mü 3954
Mo A/ARPw 6* " " " " " "
▼ ab Stuttgart
Abstellbf Pos 11030

TEE 31 Rhein–Main
1. West — **Frankfurt (M)** (7.15)–Bonn–Köln–**Amsterdam CS** (13.03)
••• 148%
VT 11
¹) Pw VT Frankfurt–Amsterdam 32 32 Ffm 400 4151
AüVM 1 " " " " " " "
WRVM " " " " " " "
ARyVM 2 " " " " " " "
AyVM 3 " " " " " " "
AüVM 4 " " " " " " "
2) Pw VT " " " " " " "
VT 11
Pw VT Frankfurt–Köln (–Oostende) 20 19 Ffm 401 4061
AüVM 1 " " (") " " " " "
WRVM " " (") " " " " "
ARyVM 2 " " (") " " " " "
Ay VM 3 " " (") " " " " "
3) Aü VM 4 " " (") " " " " "
Pw VT " " (") " " " " "
¹) Kleines Abt für Pass u Zoll Oberhausen—Arnhem
²) Schreibabt W bis Emmerich mit Postfernspr bis Wesel u für Pass u Zoll Emmerich—Arnhem
³) Pl 61—66 für Reisende bis und ab Aachen

◁ **Bild 141**
Der Zugbildungsplan A für Schnellzüge, Reihungsplan (ZP A R I), gültig ab dem 1. Juni 1958, führt bei den Ft 29/30 auch den Hinweis auf die Baureihe des Triebwagens auf. Jedoch hat sich bei der bahnamtlichen Bearbeitung der Angaben des Ft 30 ein Fehler eingeschlichen. Statt „29" steht bei „aus Zug" und „in Zug" im rechten Teil der Tabelle „25".

ABBILDUNG: SLG. RONALD KRUG

17

(1. Fortsetzung) **17 Frankfurt** (Main) — Mannheim/Heidelberg und **Karlsruhe** — Stuttgart — **München**

Station	Tab.		F 30	E 676	D 1117	D 528	–	–	F 28	E 1976	–	D 530	D 1204	–	E 4954	D 234	D 504	D 470	D 204	–	D 704	D 356	–
Klasse			1.	1. 2.	1. 2.	1. 2.			1.	1. 2.		1. 2.	1. 2.		1. 2.	1. 2.	1. 2.	1. 2.	1. 2.		1. 2.	1. 2.	
Kassel Hbf	14	ab	2.38	...	...	...	...	...	...	...	...	6.29	...	...	...	...	...	7.57	...	...	...	9.16	...
Frankfurt (Main) Hbf	14	an	5.42	...	...	...	...	...	...	...	...	9.38	...	...	...	...	...	11.15	...	...	...	12.13	...
Köln Hbf 250	10 249	ab	...	...	...		...	...	7.13	...	...	...	8.18	...	...	6.48	7.50	8.13	8.28	...	8.56	8.28	...
Bonn		ab	...	...	...		...	...	7.35		...	...	8.46	...	...		8.16	8.40	8.55	...	9.25	8.55	...
Mainz Hbf		ab	5.44	6.20	...	✕6.08	...	...	9.18	7.50	...	8.29		...	...	✕9.46	10.56←	10.39	11.08	...	11.59	11.12	...
Frankfurt (Main) Hbf		an	6.43			✕7.07	...	...		8.29	...	9.23		...	...	✕10.34		11.13		...		11.55	...
Wiesbaden Hbf	10	ab	5.55	6.08	...	✕6.19	...	...		7.42	...	8.34		...	...	→10.10	10.43	10.14				11.26	...
Frankfurt (Main) Hbf	250	an	6.48			✕7.15				8.23		9.22				10.51		11.10				12.07	...
Frankfurt (Main) Hbf — Weitere Fernzüge siehe 16	315 315a	ab	7.00		...	7.22	...	...		8.47	...	9.48		...	...	11.15		11.23		...		12.22	...
Darmstadt Hbf		ab	7.20		...	7.44	...	...		9.12	...	10.11		...	...	11.36		11.45		...		12.44	...
Mannheim Hbf		an			...		...	...	10.09	10.01	...			...	...					...			...
Saarbrücken Hbf	279	ab			5.34		...	...	8.00		...			...	...		9.19		9.19	...			...
Kaiserslautern Hbf	279	ab		✕5.21	6.43		...	...	8.57		...			...	...		10.32		10.32	...			...
Ludwigshafen (Rhein) Hbf	300a	ab		7.26	7.52		...	...	9.58		...			...	...		11.58		12.07	...			...
Mannheim Hbf	300a	an		7.32	7.59		...	...	9.57		...			...	...		12.04		12.13		13.01		...
Mannheim Hbf	300a	ab		7.34	8.02		...	...	10.12	←	...			...	...		12.07		12.16	...	13.09		...
Heidelberg Hbf		an	7.57	↙7.49	8.18	8.23	...	...		...	...	10.52		...	...	12.14		12.25	12.30	...	13.24	13.30	...
Heidelberg Hbf	320	ab	7.58	7.51	...	8.26	...	...		...	...	10.55		...	12.07	12.16		...	12.32		13.27	13.33	...
Wiesloch-Walldorf	320	ab		|	...		...	...		...	...			...	12.17			...		...			...
Bruchsal 300 f.	320	an		8.12	...		...	...		...	...	11.17		...	12.32		12.42	...		...		13.54	...
Karlsruhe Hbf	301	ab		...	...		...	...		...	...	✕10.30		...	...		11.13	...		...		...	...
Bruchsal	301	an		...	...		...	...		...	...	✕10.55		...	...		11.29	...		...		...	...
Bruchsal	320	ab	Münchner Kindl	...	...		...	...		...	...	11.18		...	...		12.43	...		...		...	...
Bretten	320			...	...		...	...		...	...			...	...			...		...		...	...
Mühlacker	320	an		...	...		—	...		...	...	11.47		...	...			...		...	14.20	...	...
Basel Bad Bf	16	ab		4.29	...		6.34	...	Rheinblitz	7.43	...		Glück auf	8.10	...			...		10.31		...	...
Freiburg (Breisgau) Hbf	16	ab		6.12	...		7.21	...		8.31	...			9.13	...			...		11.18		...	...
Strasbourg-Ville 301 f.	16	ab		...	...			...		●7.56	...			●8.51	...			...		11.04		...	...
Karlsruhe Hbf 16. 381	16	an		7.55			8.54	...		10.01	...			11.03	...			...		12.58		...	...
Saarbrücken Hbf 279. 280		ab		3.43	...		...	...		...	...			8.09	...			...		9.19		...	...
Kaiserslautern Hbf 279. 279 d		ab		6.36	...		...	...		...	...			9.11	...			...		11.26		...	...
Karlsruhe Hbf 280		an		7.59	...		...	...		...	...			10.59	...			...		12.51		...	...
Zug Nr				D 545	...		E 557	E 556		E 4705	E 4886			E 621	E 862					E 4711		E 4890	
Klasse				1. 2.			1. 2.	1. 2.		1. 2.	1. 2.			1. 2.	1. 2.					1. 2.		1. 2. oG	
Karlsruhe Hbf	319	ab		8.09	...		8.57	(ab 6.27) s. 60 / von Frankfurt/M		10.11	...			11.10	...			...		13.09		...	...
Karlsruhe-Durlach	319	ab			...		9.02			10.17	...			11.15	...			...		13.14		...	...
Wildbad 302 a		ab		7.53						9.51	...			10.35	...					12.30		...	...
Pforzheim Hbf	319	ab		8.36	...		9.24			10.42	...			11.41	...			...		13.39		...	...
Mühlacker	319	an		8.48	...					10.55	...			11.53	...			...		13.51		...	...
Mühlacker	320	ab		8.49	...					10.57	...	11.49		11.55	...			...		13.52	14.22	...	...
Vaihingen (Enz) Nord	320	ab			...						...				...			...		14.00			...
Heilbronn Hbf 322		ab				...	9.09	10.06		10.06	11.29			11.29	12.28		...	...		12.37		14.05	...
Bietigheim (Württ)	320	ab			...		9.58	10.39		11.17	12.07			12.14	12.59			...		14.14		14.43	...
Ludwigsburg	320			9.17	...		10.07	10.51		11.27	12.20	12.18		12.24	13.11			...		14.24		14.55	...
Stuttgart Hbf	320	an	9.21	9.30	...	9.56	10.20	11.04	11.47	11.40	12.35	12.32		12.38	13.24	13.45	13.51	...	14.00	14.37	15.04	15.08	...
Stuttgart Hbf 323. 324	67	ab	...	...	...	11.20	11.20	11.20			...				...	14.44	14.44	...	14.44	14.44	16.36	...	...
Nürnberg Hbf 420	67	an	...	...	...	14.26	14.26	14.26		...	...				...	18.00	18.00	...	18.00	18.00	19.43	...	...
Zug Nr					E 4569		E 4571	E 4823		E 4825	E 4507				E 4575					E 4577			
Klasse					1. 2.		1. 2.	1. 2.		1. 2.	1. 2.				1. 2.					1. 2.			
Stuttgart Hbf	320	ab	9.24	9.38	9.53	10.05	11.25	Ⓐ 11.26	11.50	12.09	12.15	12.44		...	13.35	13.53	13.59	...	14.08	14.48	15.12	...	...
Stuttgart-Bad Cannstatt	320				9.58		11.30			12.14	12.21			...	13.40			...		14.53		...	...
Eßlingen (Neckar)	320				10.08		11.39	11.37		12.24	12.30	12.55		...	13.50			...		15.05	15.23	...	...
Plochingen	320	an		9.54	10.17		11.48	11.44		12.32	12.38	13.03		...	13.58	14.09		...		15.13	15.31	...	...
Tübingen Hbf 325		an		11.04	11.04		12.35	12.35		13.29	13.29	14.46			14.46			...		16.01	16.50	...	...
Göppingen	320	ab		10.11	...		...	12.02		12.52	...	13.20		...	...	14.24		...	14.38	...	15.48	...	...
Geislingen (Steige)	320				...		...	12.21		13.14	...	13.38		...	...		14.45	...	14.56	...	16.07	...	...
Amstetten (Württ)	320				...		...			13.23	...			...	...			...		...		...	...
Ulm Hbf	320	an	10.29	10.52	...	11.13	...	12.51	12.58	13.48	...	14.05	14.40	...	...	15.07	15.13	...	15.24	...	16.34	...	...
Ulm Hbf	72	ab	10.58	10.58	...		...	...	13.14	...	...			...	...	15.34	15.34	...	15.34	...	16.49	...	...
Friedrichshafen Stadt	72	an	12.25	12.25	...		...	...	14.41	...	...			...	...	16.59	16.59	...	16.59	...	18.14	...	...
Lindau Hbf	72	an	13.00	13.00			...	...	15.23	...	...			...	...	17.40	17.40	...	17.40	...	18.49	...	...
Ulm Hbf	63	ab	11.20	11.20	...		...	...	13.22	...	...	14.48	14.48	...	...	...	15.56	...	15.56	...	16.38	...	...
Oberstdorf	63	an	13.58	13.58	...		...	...	16.08	...	...	17.33	17.33	...	...	...	19.03	...	19.03	...	19.29	...	...
Ulm Hbf	410	ab	10.30	10.56	...	11.15	...	...	12.59	...	...	14.09	14.42	...	...	nach Innsbruck s. D 6	15.17	...	15.27	...	...	...	...
Neu Ulm	410				...		...	...		...	...			...	...			...		...	...	...	...
Günzburg	410			11.13	...		...	...		...	...			...	...			...		...	...	...	...
Neuoffingen	410	an			...		...	...		...	...			...	...			...		...	...	...	...
Ingolstadt Hbf	74	an			...		...	...		...	...			...	...			...		...	...	...	...
Regensburg Hbf	74	an			...		...	...		...	...			...	...			...		...	...	...	...
Burgau (Schwab)	410	ab			...		...	...		...				...	...			...		...	...	...	...
Augsburg Hbf	410	an	11.22	11.55	...	12.10	...	...	13.53			15.05	15.39	...	...		16.12	...	16.23		...	...	...
Augsburg Hbf	404	ab	✕11.52	c 12.50	...	c 12.50	...	...		...	...	15.28		...	...	...	16.36	...	16.36	...	...	...	...
Weilheim (Oberbay)	404	an	✕13.30	c 14.16	...	c 14.16	...	...		...	...	16.45		...	...	...	17.49	...	17.49	...	...	...	...
Garmisch-Partenkirchen 402		an	14.40	15.04	...	15.04	...	...		...	...	17.52		...	...	...	19.11	...	19.11	...	...	...	...
Augsburg Hbf — Weitere Fernzüge siehe 18	410	ab	11.23	12.01	...	12.13	...	...	13.54	...	...	15.08	15.41	...	...	...	16.16	...	16.26	...	...	...	...
Mering	410				...		...	...		...	...			...	...	...		...		...	...	...	...
Nannhofen	410				...		...	...		...	...			...	...	...		...		...	...	...	...
München-Pasing	410	an			...		...	...		...	...			...	...	...		...		...	...	...	...
München Hbf	410	an	12.03	12.42	...	12.55	...	...	14.34	...	...	15.49	16.24	...	...	...	16.57	...	17.08				...
Anschlüsse nach Jugoslawien und dem Balkan siehe D 3, Anschlüsse nach Österreich und Italien siehe D 4 und D 5																							
München Hbf Starnberger Bf	402	ab	12.40	13.34	...	13.34	...	...	d 15.18	15.50	..	17.52	17.52	...	...	...	17.52	...	17.52	...	...	...	...
Garmisch-Partenkirchen	402	an	14.40	15.04	...	15.04	...	...	d 16.38	17.52	..	19.34	19.34	...	...	...	19.34	...	19.34	...	...	...	...
München Hbf	428	ab	13.07	13.07	...	13.07	...	...	15.02	...	...	c 17.31	c 17.31	...	...	...	c 17.31	...	c 17.31	...	...	...	...
Kufstein	428	an	14.20	14.20	...	14.20	...	...	16.14	...	...	c 19.43	c 19.43	...	...	...	c 19.43	...	c 19.43	...	...	...	...
München Hbf	428	ab	13.15	13.15	...	13.15	..	...	15.10	...	...	17.05	17.05	...	...	...	17.05	...	18.45	...	...	...	...
Berchtesgaden Hbf	428	an	16.30	16.30	...	16.30	...	...	18.54	...	...	19.47	19.47	...	...	...	19.47	...	21.53	...	...	...	...
Salzburg Hbf	428	an	15.12	15.12	...	15.12	...	...	17.16	...	...	19.14	19.14	...	...	...	19.14	...	20.57	...	...	...	...

Ⓐ vom 21. VI. bis 14. IX.
Ⓑ vom 28. VI. bis 14. IX., ab Ulm täglich
c ✝ u. Sa
d vom 28. VI. bis 14. IX.
◆ Beschränkungen für Gesellschaftsfahrten siehe Übersicht hinter dem Ortsverzeichnis
Kurswagenläufe s. Wagenverzeichnis
● über Offenburg

siehe Fortsetzung

◁ **Bild 142**
Im Abschnitt „Fernverbindungen in Deutschland für mittlere Fernreisen" des DB-Kursbuches für den Sommer 1958 sind in der Tabelle 17 auch die Ankunfts- und Abfahrtszeiten des F 30 „Münchner Kindl" aufgeführt. Mit dem Triebwagensymbol in der Zeile unter der Zugnummer ist ersichtlich, dass diese Leistung mit einem Triebwagen gefahren wird.

Bild 143 ▷ Interessant ist, dass im Zugbildungsplan A für Schnellzüge, Reihungsplan (ZP A R I), gültig ab dem 1. Juni 1958, auch die Züge aufgeführt sind, die Briefbeutel der Deutschen Bundespost beförderten. Für den Zug FT 29 wird an Sonntagen im Gepäckabteil ein Briefbeutel von München nach Ulm (Donau) befördert, im FT 30 ist es an „nS" (also an Montagen) ein Beutel von Stuttgart nach München.

Zug-Nr.	Gesellschafts- und Gruppenfahrten sind nicht zugelassen von den Einsteigebahnhöfen	nach den Aussteigebahnhöfen	für die Zeit
D 203	Stuttgart–Bonn	Heidelberg–Köln	täglich bis 27. IX.
D 204	Dortmund–Augsburg	Bochum–München	täglich bis 27. IX.
D 208	Köln–Freiburg (Brsg)	Bonn–Basel	Sa/So bis 27./28. IX.
F 211	Basel Bad Bf–Lübeck	Freiburg (Brsg)–Großenbrode Kai	täglich vom 22. VI. bis 28. IX.
F 212	Großenbrode Kai–Freiburg (Brsg)	Lübeck–Basel	täglich vom 22./23. VI. bis 27./28. IX.
F 251	München–Bonn	Augsburg–Hoek v H	Sa/So bis 27./28. IX.
F 252	M-Gladbach–Augsburg	Köln–Salzburg	Sa/So bis 27./28. IX.
D 263	München–Bonn	Augsburg–Emmerich	Sa bis 27. IX. und täglich vom 13. VII. bis 12. IX.
D 264	Emmerich–Augsburg	Oberhausen–Freilassing	Sa bis 27. IX. und täglich vom 13. VII. bis 12. IX.
D 265	Basel Bad Bf–Bonn	Müllheim (Baden)–Hagen	Sa bis 27. IX.
D 269	Basel Bad Bf–Bonn	Müllheim (Baden)–Köln	Sa bis 27. IX.
	Offenburg–Köln	Baden-Oos–Dortmund	täglich bis 27. IX.
D 270	Dortmund–Freiburg (Brsg)	Bochum–Basel	Sa bis 27. IX.
	Dortmund–Baden-Oos	Köln–Konstanz	täglich bis 27. IX.
D 275	Basel Bad Bf–Hannover	Müllheim (Baden)–Hamburg	So/Mo und Sa/So vom 21./22. VI. bis 14./15. IX.
D 276	Hamburg-Altona–Müllheim (Baden)	Hannover–Basel	So/Mo und Sa/So vom 21./22. VI. bis 14./15. IX.
D 303	Passau–Bonn	Regensburg–Dortmund	Sa bis 27. IX.
D 304	Dortmund–Regensburg	Bochum–Wien	Sa bis 27. IX.
D 307	Augsburg–Bonn	Ulm–Köln	Sa/So bis 27./28. IX.
D 308	Bonn–Augsburg	Koblenz–München	Sa/So bis 27./28. IX.
D 352	Ulm–Friedrichshafen	Biberach (Riß)–Innsbruck	So bis 21. IX.
D 363	München–Köln	Ingolstadt–Dortmund	täglich vom 2. bis 31. VIII.
D 365	München–Darmstadt	Augsburg–Krefeld	Sa bis 27. IX.
D 367	München–Beuel	Augsburg–Köln	täglich bis 27. IX.
D 368	Köln–Heidelberg	Beuel–München	Sa bis 27. IX.
	Köln–Heidelberg	Beuel–Stuttgart	täglich bis 27. IX.
D 407	München–Köln	Augsburg–Dortmund	täglich vom 2. bis 31. VIII.
D 503	München–Bonn	Augsburg–Hagen	Sa bis 27. IX.
D 504	Hagen–Augsburg	Wuppertal–München	Sa bis 27. IX.
D 651	Augsburg–Köln	Ulm–Aachen	täglich bis 27./28. IX.
D 652	Köln–Augsburg	Mainz–Traunstein	täglich bis 27./28. IX.

6. Übersicht über die Anzahl der in den D- und Ft-Zügen (oG) beförderten Briefbeutel:

Zug-Nr.	tgl	W	So	Mo	Mo-Fr	Sa	nS	Einladebahnhof	Ausladebahnhof
FT 8		1						Köln	Mannheim
		1						Köln	Karlsruhe (Baden)
		1						Köln	Baden-Oos
		1						Köln	Freiburg (Brsg)
		1						Köln	Basel SBB
F 9		2	2		1			Köln	Kaldenkirchen
	2	2						M.-Gladbach	Kaldenkirchen
F 10							1 (Di-Sa)	Köln	Bonn
		3 Stückzahl schwankt						Köln	Mainz
		3 Stückzahl schwankt						Köln	Mannheim
F 14							1 (Di-Sa)	Hannover	Köln
F 18			1		1			Hagen	Köln
			1		2			W.-Elberfeld	Köln
F 24		1						Mannheim	Stuttgart
FT 27				Stückzahl schwankt			13(So-Do)	Mainz	Hagen
FT 28		1						Köln	Stuttgart
FT 29			1					München	Ulm/Donau
FT 30							1	Stuttgart	München
F 33		1						München	Köln/Rhein
F 34					1			Würzburg	München
FT 37							7 (So-Do)	Frankfurt (M)	Köln
F 38		1						Düsseldorf	Nürnberg
Ft 41					5			Hannover	Hamburg Hbf
					1			Hannover	Hamburg/Altona
Ft 42	2	2						Hamburg Hbf	Frankfurt (M)
		1						Hannover	Frankfurt (M)
Ft 43		2						Hannover	Bremen
Ft 45		2						Basel SBB	Offenburg
		6						Basel	Frankfurt (M)
		1						Freiburg	Karlsruhe
		2						Freiburg	Mannheim
		1						Offenburg	Karlsruhe
		3						Offenburg	Frankfurt (M)
Ft 46							1	Frankfurt (M)	Mannheim
							3		Karlsruhe
							3		Offenburg
							1		Freiburg
				3			2		Basel
F 49		1						Freiburg	Hamburg
							1	Karlsruhe	Offenburg
		3						Basel BB	Basel SBB
		1		nach Bedarf nur				Frankfurt (M)	Offenburg
		1		3 bei Verspätung				Frankfurt (M)	Freiburg
		1		des D 276				Basel BB	Basel SBB
		2						Hamburg	Nürnberg
F 51	5		Stückzahl schwankt				8	Köln	Aachen
F 54		1						Hamburg Hbf	Nürnberg
		1						Hannover	Nürnberg
					2			Hamburg Hbf	Würzburg
TEE 74		2						Aachen	Köln
Ft 78		1						Hamburg Hbf	Frankfurt (M)
				6			2	Hannover	Frankfurt (M)
F 107				7				Basel SBB	Köln
				3				Mannheim	Mainz
				1				Mannheim	Bonn
				6				Mannheim	Köln
F 108				2				Koblenz	Karlsruhe
				1				Koblenz	Freiburg (Brsg)
				1				Koblenz	Basel SBB
FT 138		1						Düsseldorf	München
TEE 185		4						Aachen	Köln
F 251		1	Stückzahl schwankt				18(Di-Sa)	München	Kaldenkirchen

Gegenrichtung 17

(2. Fortsetzung) 17 München—Stuttgart—Karlsruhe und Heidelberg/Mannheim—Frankfurt (Main)

Station	Tab.		1	2	3	4	5	6	7	8	9	10	11	12	13	14	15	16	17	18	19
Salzburg Hbf	428	ab		11.05					11.05	12.38	12.38		14.18					15.00	15.47	15.00	
Berchtesgaden Hbf	428	ab								11.39	11.39		13.15					14.12		14.12	
München Hbf	428	an		12.47					12.47	14.49	14.49		16.12					17.30	17.38	17.30	
Kufstein Hbf	428	ab		10.08					11.59	13.39	13.39		13.39						15.51	16.42	
München	428	an		11.38					13.14	14.55	14.55		14.55						17.30	18.02	
Garmisch-Partenkirchen	402	ab		10.42					10.42	12.28	d 13.40		d 13.40						15.45	d 16.54	
München Hbf Starnberger Bf	402	an		12.17					12.17	14.34	d 15.01		d 15.01						17.45	d 18.15	
Anschlüsse vom Balkan und von Jugoslawien siehe D 3, Anschlüsse von Italien und Österreich siehe D 4 und D 5																					
Zug Nr / Klasse			E 4832 1. 2.	D 529 1. 2.	E 4582 1. 2.			E 4584 1. 2.	E 841 1. 2.	D 546 1. 2.	F 27 1.		D 527 1. 2.	E 4588 1. 2.	E 593 1. 2.	D 75 1. 2.		E 4836 1. 2.	D 453 1. 2.	F 29 1.	E 4592 1. 2.
München Hbf	410 Weitere Fernzüge siehe 18	ab		13.02					13.40	15.13	15.36		16.30						18.00	18.28	
München-Pasing									13.49												
Nannhofen																					
Mering																					
Augsburg Hbf		an		13.42					14.27	15.52	16.15		17.09						18.41	19.06	
Garmisch-Partenkirchen	402	ab		10.42					10.42	12.28	12.28		12.28						15.45	15.45	
Weilheim (Oberbay)	404	ab		11.40					11.40	13.46	13.46		13.46						16.58	16.58	
Augsburg Hbf	404	an		12.48					12.48	15.39	15.39		15.39						18.15	18.15	
Augsburg Hbf	410	ab		13.45					14.30	15.55	16.16		17.13						18.42	19.07	
Burgau (Schwab)	410	ab																			
Regensburg Hbf	74	ab																			
Ingolstadt Hbf	74	ab							über Nördlingen-Aalen s. 411, 411 g												
Neuoffingen	410																				
Günzburg	410									16.34			17.53								
Neu Ulm	410																				
Ulm Hbf	410	an		14.41						16.53	17.10		18.13						19.38	20.00	
Oberstdorf	63	ab	11.24	11.24						14.10	14.10									16.54	
Ulm Hbf	63	an	14.16	14.16						16.40	16.40									19.44	
Lindau Hbf	72	ab	12.07	12.07						14.31	14.31					16.30			16.30	17.02	
Friedrichshafen Stadt	72	ab	13.00	13.00						15.08	15.08					17.04			17.04	18.22	
Ulm Hbf	72	an	14.25	14.25						16.40	16.40					18.36			18.36	19.54	
Ulm Hbf	320	ab	14.41	14.53						16.57	17.11		18.17			18.50		†19.22	19.39	20.01	
Amstetten (Württ)	320		15.01															19.43			
Geislingen (Steige)	320		15.09							17.23						19.16		19.52			
Göppingen	320		15.27	15.37						17.39						19.32		†20.11			
Tübingen Hbf 325		ab	14.35	14.35	15.28			16.42		16.42			18.14	18.14	18.45			19.21			b 20.05
Plochingen	320		15.44	15.55	16.18			17.29		17.56			19.11	19.04	19.35	19.54		†20.29			20.53
Eßlingen (Neckar)	320		15.52		16.27			17.38						19.13	19.43			20.41			21.02
Stuttgart-Bad Cannstatt	320		16.01		16.36			17.48	18.06					19.27	19.53			20.51			21.11
Stuttgart Hbf	320	an	16.08	16.13	16.42			17.53	18.13	18.15	18.20		19.29	19.33	19.59	20.06		†20.56	20.50	21.06	b 21.16
Nürnberg Hbf 420	67	ab			14.02	14.02										16.48	16.48		16.48	16.48	
Stuttgart Hbf 323, 324	67	an			16.57	16.57										20.05	20.05		20.05	20.05	
Zug Nr / Klasse			E 4714 1. 2.		E 624 1. 2.	E 4815 1. 2.	E 555 1. 2.		E 4620 1. 2.			E 558 1. 2.			E 4897 1. 2.		E 4718 1. 2.	D 79 1. 2.			D 151 1. 2.
Stuttgart Hbf	320	ab	15.50	16.21	17.04	17.24	17.34			18.27	18.23	19.11	19.39		20.13	20.20	20.40	20.51	21.13	21.09	21.28
Ludwigsburg	320		16.03		17.19	17.38	17.51					19.23			20.27	20.33	20.52				21.42
Bietigheim (Württ)	320		16.13		17.28	17.48	18.01			18.46		19.31	19.59		20.36		21.00	21.14			21.51
Heilbronn Hbf 322		an	16.56		✕ 18.23	18.41	18.41			19.55		20.25	21.12		21.12		21.44	21.44			22.19
Vaihingen (Enz) Nord	320	ab				18.02											21.12				
Mühlacker	320	an	16.34	16.59	17.48	18.12						19.53				21.00	21.20				
Mühlacker	319	ab	16.35		17.50			über Eberbach s. 60		18.23	Rheinblitz	19.55					21.22	Kärnten-Expreß		Münchner Kindl	
Pforzheim Hbf	319	an	16.46		18.01					18.36	19.18	20.06					21.33				
Wildbad 302a		an	18.03		19.20					20.45		21.45				23.10					
Karlsruhe-Durlach	319	ab	17.14		18.26							20.31					22.01				
Karlsruhe Hbf	319	an	17.21		18.32					19.45		20.37					22.07				
Karlsruhe Hbf 280		ab	18.13		18.48					19.57											
Kaiserslautern Hbf 279, 279 d		an	20.39							21.24											
Saarbrücken Hbf 279, 280		an	22.06		21.55					0.03											
Karlsruhe Hbf 16 301	16	ab	17.30		18.39					20.40		20.40					22.32				
Strasbourg-Ville 301 f	16	an			⊖ 21.04																
Freiburg (Breisgau) Hbf	16	an	19.28		20.08					22.17		22.17					0.25				
Basel Bad Bf	16	an	20.33		20.56					23.09		23.09					1.54				
Zug Nr / Klasse			D 144 1. 2.		E 4961 1. 2.			E 4825 ✕ 1. 2.	D 475 1. 2.			E 4967 1. 2.		D 1116 1. 2.	E 675 1. 2.						
Mühlacker	320	ab		17.01		18.15										21.02					
Bretten	320					18.31															
Bruchsal	320	an		17.29		18.44										21.29					
Bruchsal	301	ab		18.11		18.49										22.04					
Karlsruhe Hbf	301	an		18.35		19.08										22.22					
Bruchsal 300 f	320	ab		17.30	18.01	18.49		✕18.57				19.54			21.12	21.31					
Wiesloch-Walldorf	320				18.17	19.03						20.08			21.25						
Heidelberg Hbf	320	an		17.53	18.27	19.13						20.18	21.07		21.35	21.54			22.40	22.28	
Heidelberg Hbf	300a	ab	18.07	17.56		19.28			19.24				21.10	21.14	21.41	22.09			22.42	22.29	
Mannheim Hbf	300a	an	18.23			19.43		✕19.40			19.54			21.31	21.55				22.57		
Mannheim Hbf	300a	ab	18.30			19.45		19.45			20.10			21.33	21.59				23.00		
Ludwigshafen (Rhein) Hbf	300a	an	18.37			19.52		19.52				E 2687 1. 2. oG		21.40	22.06				23.07		
Kaiserslautern Hbf	279	an	19.54			21.18		21.18			21.07			22.54	0.10						
Saarbrücken Hbf	279	an	21.18								22.06			0.03							
Mannheim Hbf	315, 315 a Weitere Fernzüge siehe 16	ab									20.03	20.08									
Darmstadt Hbf	315, 315 a	ab		18.39					20.16				21.51			22.58				23.10	
Frankfurt (Main) Hbf	315, 315 a	an		19.02			22.11		20.40			21.26	22.13			23.20				23.30	
Frankfurt (Main) Hbf	10. 250	ab		†19.14	✕19.25		22.30		21.03			21.36	22.30			23.39				23.39	
Wiesbaden Hbf	10. 250	an		†20.13	✕20.23		23.26		21.55			22.16	23.26		23.40	0.38				0.38	
Frankfurt (Main) Hbf	10. 249	ab		♦20.07			22.30		21.03			22.30	22.30			0.28				0.28	
Mainz Hbf	10. 249	an		♦20.49			23.10		21.41		20.53	23.10	23.10		23.22	1.28			0.10	1.28	
Bonn	10. 249	an		♦22.38							22.38								2.17		
Köln Hbf 250	10. 249	an		♦23.05							23.05								2.47		
Frankfurt (Main) Hbf	14	ab		19.17			23.41		21.06							23.41				23.41	
Kassel Hbf	14	an		22.26			2.50		0.04							2.50				2.50	

b täglich außer Sa d vom 28. VI. bis 14. IX. f vom 27. VI. bis 6. IX. ⊖ über Offenburg ◪ Starnberger Flügelbahnhof
♦ nur 1. Kl Kurswagenläufe s. Wagenverzeichnis ◆ Beschränkungen für Gesellschaftsfahrten siehe Übersicht hinter dem Ortsverzeichnis

Bild 144 ▷ Auch die Gegenrichtung (F 29 München – Frankfurt am Main) ist in der Kursbuchtabelle 17 aufgeführt. Die Hinleistung ist auf der Seite links zu sehen.

Abbildungen (3): Slg. Ernst Andreas Weigert

△ **Bild 145**
ET 11 01 war als Sonderzug von München nach Berchtesgaden unterwegs. Die Aufnahme zeigt den Triebwagen bei einem Halt im Bahnhof Hallthurm auf der Strecke Freilassing – Berchtesgaden.

◁ **Bild 146**
ET 11 01 hat im Sommer 1958 anlässlich einer Probe- oder Sonderfahrt Teisendorf erreicht. Planmäßig kamen die ET 11 nach 1957 nicht mehr auf die Strecke München – Freilassing. Gut zu sehen sind die Stromabnehmer der Bauart DBS 54.

Aufnahmen (2):
BZA München, Sammlung Dr. Brian Rampp

◁ **Bild 147**
Im Vergleich zur Aufnahme oben (Bild 146) wirkt der anthrazitgraue Frontbereich des ET 11 01, fotografiert am 9. Mai 1964 im AW Stuttgart-Bad Cannstatt, ausgeblichen.

Aufnahme:
Günter Schablin,
Sammlung Dr. Brian Rampp

△ **Bild 148** • „Nachschuss" auf den ausfahrenden ET 11 01 am 25. Mai 1958 in Stuttgart Hbf als F 30 „Münchner Kindl" nach München. Aufnahme: Kurt Eckert/Eisenbahnstiftung

△ **Bild 149** • Der ET 11 01 hat vor wenigen Minuten Stuttgart Hbf verlassen und befindet sich als F 30 bei Stuttgart-Hafen auf der Fahrt nach München.

Aufnahme: Carl Bellingrodt/EK-Verlag

△ **Bild 150** • Den Bahnhof Esslingen durchfährt ET 11 01 im April 1958 ohne Halt auf seinem Weg nach München. Aufnahme: Carl Bellingrodt/EK-Verlag

△ **Bild 151** • Ebenfalls im April 1958 passiert ET 11 02 in Plochingen die Kunstmühle Bauer, eine Getreidemühle. Aufnahme: Carl Bellingrodt, Sammlung Jörg Sauter

△ **Bild 152** • ET 11 01 wird am 18. August 1959 in München Hbf für eine Leistung als FT 29 nach Frankfurt (M) Hbf bereitgestellt. Es handelt sich um eine der raren Einsätze nach dem Ende des planmäßigen Einsatzes zwischen München und Frankfurt (M). Der Triebwagen trägt Stromabnehmer der Bauart DBS 54.

Aufnahme: Walter Hanold, Archiv Jörg Sauter

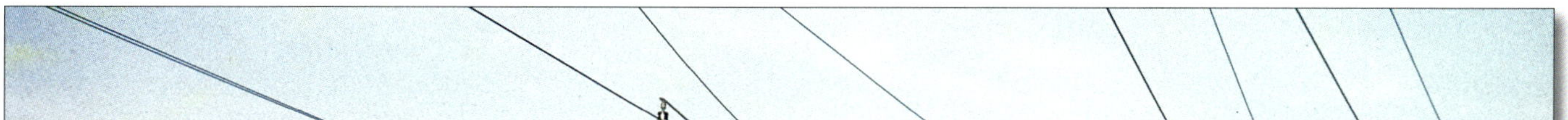

△ **Bild 153** • ET 11 01 steht 1959 abgestellt in München Hbf, dahinter sind ein ES 85 und ein EB 85 einer ET-85-Garnitur zu sehen. Aufn.: Manfred Zaubitzer, Sammlung Volkhard Stern

△ **Bild 154** • Im Winter 1958 verlassen ET 11 01 und ET 11 02 am 27. Januar als FT 30 „Münchner Kindl" den Ulmer Hauptbahnhof in Richtung München. Nächster planmäßiger Halt wird Augsburg Hbf sein. Beim Fahren in Doppeltraktion war beim hinteren Triebwagen üblicherweise nur ein Stromabnehmer angelegt.

△ **Bild 155** • ET 11 02 und ET 11 01 haben am 17. März 1958 soeben die Donaubrücke zwischen Ulm und Neu-Ulm überquert. Gut sind die unterschiedlichen Stromabnehmer-Bauarten zu erkennen: ET 11 02 mit SSW- und ET 11 01 mit AEG-Stromabnehmer. Interessant ist, dass diesmal alle Stromabnehmer am Fahrdraht anliegen. Aufn. (2): Ulrich Montfort

△ **Bild 156** • Nochmal eine Doppeleinheit, bestehend aus ET 11 03 (vorne) und ET 11 02, diesmal am 23. Dezember 1957 als FT 30 bei Olching. Auch diese Aufnahme dokumentiert, dass mit allen vier Stromabnehmern gefahren wurde. Bemerkenswert ist die unterschiedliche Lackierung der Dächer. Aufnahme: Sammlung EK-Verlag

△ **Bild 157** • Am selben Fotostandpunkt wie Bild 156 oben ist im Sommer 1958 der ET 11 03 auf dem Weg nach München. Noch rund 19 Kilometer sind es bis zum Hauptbahnhof der bayerischen Landeshauptstadt. Aufnahme: Dr. Günther Scheingraber/EK-Verlag

△ **Bild 158** • Auch der Fotograf der BD Frankfurt (M), Reinhold Palm, ließ es sich nicht nehmen, die ET 11 im Planeinsatz zu fotografieren. Am 12. März 1958 fotografierte er den ET 11 01 und ein Schwesterfahrzeug als FT 29 „Münchner Kindl" (München – Frankfurt/M) vor der Abfahrt in München. AUFNAHME: REINHOLD PALM/EISENBAHNSTIFTUNG

◁ **Bild 159**
Blick in das 1.-Klasse-Raucherabteil des b-Wagens am 12. März 1958 in München Hbf.

△ **Bild 160** • Bei der Bereitstellung für FT 29 wurden am 12. März 1958 in München Hbf zwei ET 11 aufgenommen.

Bild 161 ▷
Diese Aufnahme zeigt den Speiseraum im a-Teil eines ET 11. Die Glaswand hinter der erhöhten Rückenlehne trennt den Raucher- (hinten) vom Nichtraucherbereich vorne.

Aufnahmen (3): BD München, Sammlung Dr. Brian Rampp

△ **Bild 162** • Die Geislinger Steige erklimmt dieser ET 11 am 15. April 1958 als FT 30 nach München. Dabei begegnet er einer E 94 mit einem Güterzug. Aufnahme: Ulrich Montfort

11 Beheimatung und Instandhaltung

Die drei Triebwagen waren ihr ganzes Leben lang in München beheimatet. Die erhaltenen Aufzeichnungen über Standorte und Leistungen enthalten keine anderen Eintragungen. Auch der Laufplan für FT 29/30 aus dem Winterhalbjahr 1957/58 nennt das Bww München Hbf als Heimatdienststelle. Auch der von der BD Frankfurt (M) für das Bw Frankfurt (M)-Griesheim erstellte Laufplan ab 1. Juni 1958 nennt für den ET 11 ausdrücklich die BD München als Heimatdirektion. Es gab für die als Versuchstriebwagen bestellten Fahrzeuge außer den von München ausgehenden Verbindungen kaum andere Einsatzmöglichkeiten. Die Instandhaltung – damals Unterhaltung genannt – übernahm das Bahnbetriebswerk (Bw) München Hbf. Im Rahmen der Umgestaltung der Münchener Bahnanlagen war 1941 das Bahnbetriebswagenwerk (Bww) Pasing West entstanden, das die Instandhaltung der ET 11 übernahm. Größere Instandhaltungsarbeiten – damals Erhaltung genannt – wurden anfangs in der Betriebsabteilung München Hbf des RAW München-Freimann durchgeführt. Arbeiten am Mechanteil der Wagen übernahm auch das RAW Neuaubing.

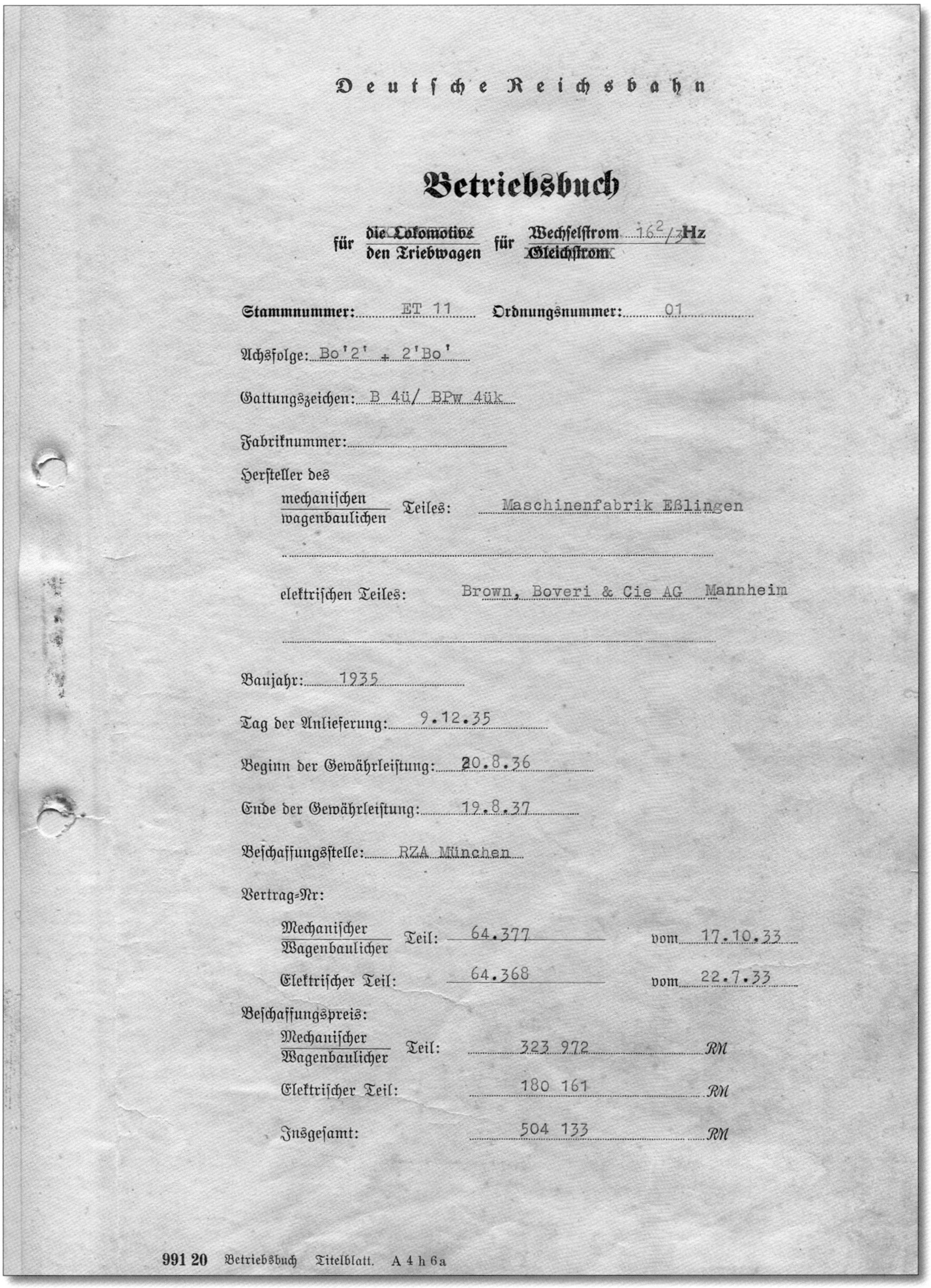

Deutsche Reichsbahn

Betriebsbuch

für ~~die Lokomotive~~ den Triebwagen für Wechselstrom 16 2/3 Hz ~~Gleichstrom~~

Stammnummer: ET 11 Ordnungsnummer: 01

Achsfolge: Bo'2' + 2'Bo'

Gattungszeichen: B 4ü/ BPw 4ük

Fabriknummer:

Hersteller des mechanischen / wagenbaulichen Teiles: Maschinenfabrik Eßlingen

elektrischen Teiles: Brown, Boveri & Cie AG Mannheim

Baujahr: 1935

Tag der Anlieferung: 9.12.35

Beginn der Gewährleistung: 20.8.36

Ende der Gewährleistung: 19.8.37

Beschaffungsstelle: RZA München

Vertrag-Nr:

Mechanischer / Wagenbaulicher Teil: 64.377 vom 17.10.33

Elektrischer Teil: 64.368 vom 22.7.33

Beschaffungspreis:

Mechanischer / Wagenbaulicher Teil: 323 972 RM

Elektrischer Teil: 180 161 RM

Insgesamt: 504 133 RM

991 20 Betriebsbuch Titelblatt. A 4 h 6a

Bild 163 ▷ Deckblatt des Betriebsbuches des ET 11 01. Das Betriebsbuch ist eine Zweitschrift. Das erste Betriebsbuch ist bei einem der Bombenangriffe auf München im Jahr 1943 im Bw München Hbf verbrannt.

Abbildung: Sammlung Steffen Lüdecke

Der ET 11 03, der schon bald durch schlechte Laufeigenschaften aufgefallen war, fiel auch durch längere RAW-Aufenthalte auf. So mussten in der Betriebsabteilung München Hbf vom 24. November 1939 bis 16. Mai 1940 die Drehgestelle aufgearbeitet und die Radreifen abgedreht werden. Schon ein Jahr später - bis zum 15. August 1942 – war die Zwischenbremsuntersuchung fällig, bei der der Triebwagen auch die neue Nummer ET 11 03 erhielt. Nach dem Ende des Krieges kehrten die ET 11 01 und ET 11 02 von ihren Abstellorten nach München zurück. Der ET 11 03 stand nicht betriebsfähig im RAW Neuaubing.

Die Heimatdienststelle in München wechselte im Zuge organisatorischer Veränderungen häufiger ihren Namen. Nach den Aufzeichnungen in den Betriebsbüchern waren die Wagen zunächst ab 1949 im Bww München Hbf beheimatet, ehe sie zum Bw München Hbf (ab 1. Juli 1959) wechselten. Bedarfsausbesserungen und Untersuchungen wurden bis Mitte 1952 in der Betriebsabteilung München Hbf in der Landsberger Straße durchgeführt.

Da der ET 11 01 als einziger bei der Deutschen Bundesbahn bis 1971 überlebte, mag ein Blick auf sein Werkstattleben von Interesse sein, das sich zwischen Bedarfsausbesserung (Instandhaltungsstufe T 0) bis zur Grundüberholung (Instandhaltungsstufe T 4) erstreckte.

Für den ET 11 01 wurde in der Betriebsabteilung München Hbf am 25. Juni 1949 die erste T 3 nach dem Krieg bescheinigt, der am 11. Mai 1951 eine Untersuchung nach Schadgruppe T 4 folgte, bei der alle vier Drehgestelle vollständig und die Öldruck-

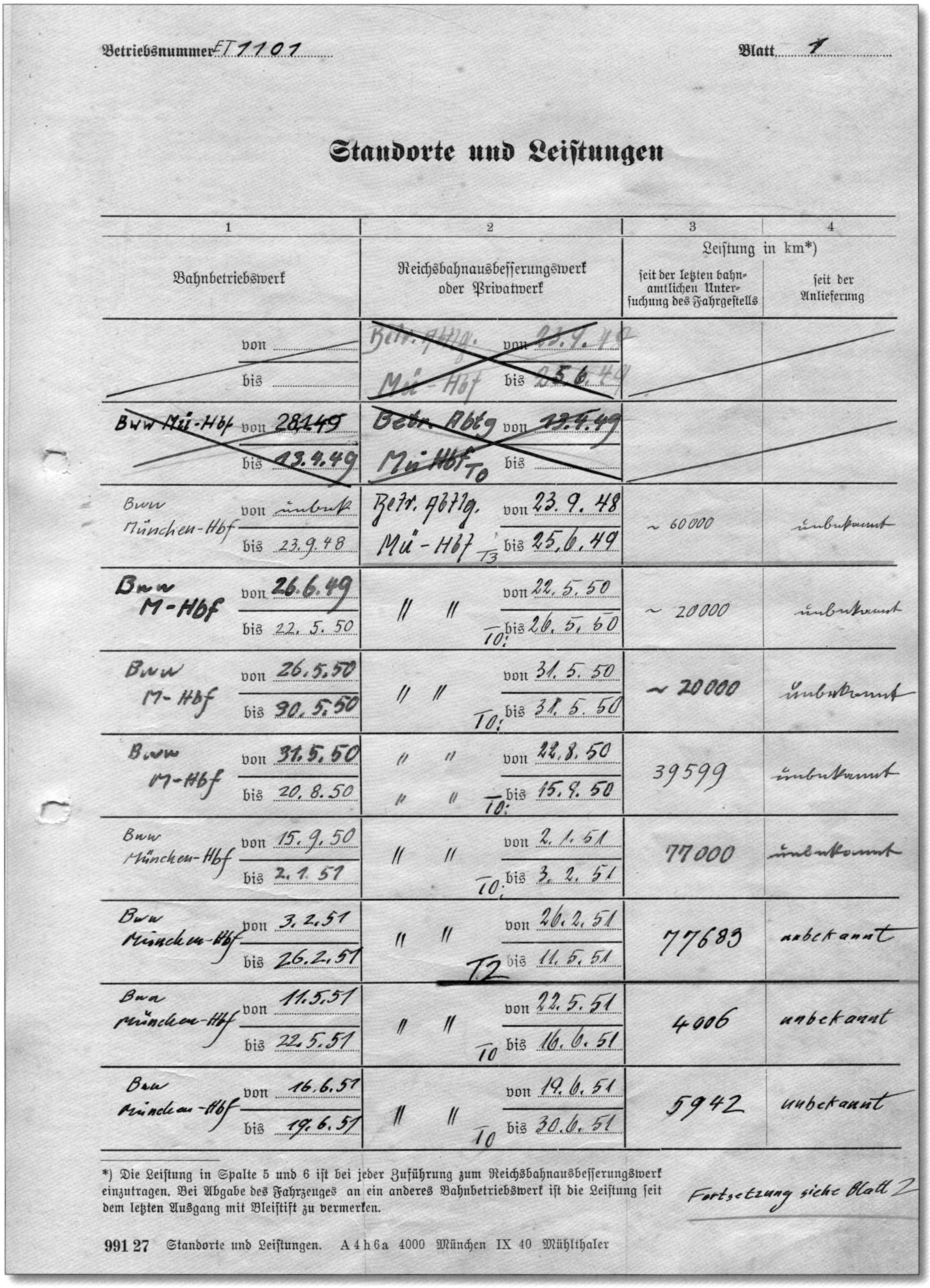

Betriebsnummer ET 11 01 Blatt 1

Standorte und Leistungen

1		2		3	4
Bahnbetriebswerk		Reichsbahnausbesserungswerk oder Privatwerk		Leistung in km*) seit der letzten bahnamtlichen Untersuchung des Fahrgestells	seit der Anlieferung
	von	~~Betr. Abtlg. Mü-Hbf~~	von ~~23.9.48~~		
	bis		bis ~~25.6.49~~		
~~Bww Mü-Hbf~~	von ~~28.1.49~~	~~Betr. Abtg Mü-Hbf~~ T0	von ~~23.4.49~~		
	bis ~~23.4.49~~		bis		
Bww München-Hbf	von unbek.	Betr. Abtlg. Mü-Hbf T3	von 23.9.48	~ 60000	unbekannt
	bis 23.9.48		bis 25.6.49		
Bww M-Hbf	von 26.6.49	" " T0:	von 22.5.50	~ 20000	unbekannt
	bis 22.5.50		bis 26.5.50		
Bww M-Hbf	von 26.5.50	" " T0:	von 31.5.50	~ 20000	unbekannt
	bis 30.5.50		bis 31.5.50		
Bww M-Hbf	von 31.5.50	" " T0:	von 22.8.50	39599	unbekannt
	bis 20.8.50	" "	bis 15.9.50		
Bww München-Hbf	von 15.9.50	" " T0:	von 2.1.51	77000	unbekannt
	bis 2.1.51		bis 3.2.51		
Bww München-Hbf	von 3.2.51	" " T2	von 26.2.51	77683	unbekannt
	bis 26.2.51		bis 11.5.51		
Bww München-Hbf	von 11.5.51	" " T0	von 22.5.51	4006	unbekannt
	bis 22.5.51		bis 16.6.51		
Bww München-Hbf	von 16.6.51	" " T0	von 19.6.51	5942	unbekannt
	bis 19.6.51		bis 30.6.51		

*) Die Leistung in Spalte 5 und 6 ist bei jeder Zuführung zum Reichsbahnausbesserungswerk einzutragen. Bei Abgabe des Fahrzeuges an ein anderes Bahnbetriebswerk ist die Leistung seit dem letzten Ausgang mit Bleistift zu vermerken.

Fortsetzung siehe Blatt 2

991 27 Standorte und Leistungen. A 4 h 6a 4000 München IX 40 Mühlthaler

Bild 164
Blatt 1 der „Standorte und Leistungen".

bremse aufgearbeitet wurden. Ausdrücklich wird darauf hingewiesen, dass die Aufarbeitung des wagenbaulichen Teils bei dieser Untersuchung als Stufe T 2 in Neuaubing stattgefunden hat. Für denselben Triebwagen gab es am 11. Juli 1952 eine Grundüberholung der Instandhaltungsstufe T 4 bei der Firma Rathgeber, bei der die Vielfachsteuerung und die Fremdlüftung für die Fahrmotoren eingebaut wurden. Die vorgeschriebene Probefahrt nach dieser Grundüberholung fand am 4. Juli von München-Laim nach Berchtesgaden statt.

Ab Ende 1952 wechselte die Instandhaltung zum E.A.W. Freimann im Münchener Norden, das nach dem Inkrafttreten des Bundesbahngesetzes und den damit verbundenen Änderungen in der Organisation seinen Namen in A.W. Freimann änderte. Die Schreibweise mit Punkt entspricht dem Werkstempel. In Freimann wurde 1954 auch der Umbau auf den Tatzlagerantrieb durchgeführt. Ab Sommer 1956 wurde das AW Cannstatt zuständiges Unterhaltungswerk und blieb es bis zum Schluss. In Cannstatt wurde am 31. Oktober 1957 auch die letzte T 3 für den ET 11 01 durchgeführt. Es folgten für den Messwagen München 5015 noch eine Untersuchung nach Stufe T 2 (bescheinigt am 4. August 1964) und eine Bedarfsausbesserung (Stufe U 0) am 23. August 1968. In Cannstatt wurden die Triebwagen nach ihrem Rückzug aus dem Planeinsatz auch abgestellt. In die Cannstatter Zeit fällt auch die Änderung der Schadgruppenbezeichnung bei elektrischen Triebwagen. Ab Januar 1958 wurden die neuen Schadgruppen ET 0, ET 1, ET 2 usw. eingeführt.

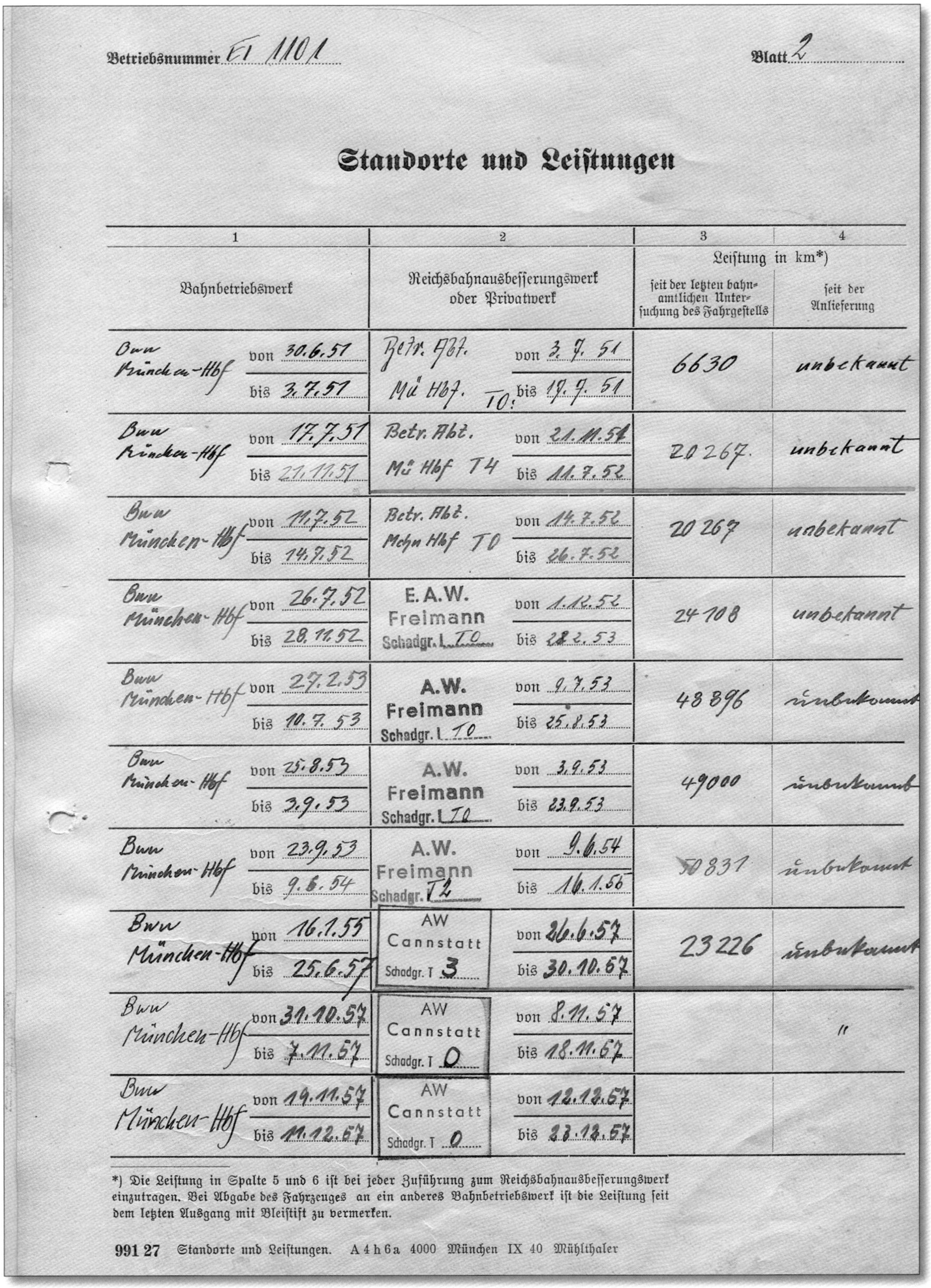

Betriebsnummer ET 1101 Blatt 2

Standorte und Leistungen

1	2	3	4
Bahnbetriebswerk	Reichsbahnausbesserungswerk oder Privatwerk	Leistung in km*) seit der letzten bahnamtlichen Untersuchung des Fahrgestells	seit der Anlieferung
Bww München-Hbf von 30.6.51 bis 3.7.51	Betr. Abt. Mü Hbf. T0! von 3.7.51 bis 17.7.51	6630	unbekannt
Bww München-Hbf von 17.7.51 bis 21.11.51	Betr. Abt. Mü Hbf T4 von 21.11.51 bis 11.7.52	20267	unbekannt
Bww München-Hbf von 11.7.52 bis 14.7.52	Betr. Abt. Mchn Hbf T0 von 14.7.52 bis 26.7.52	20267	unbekannt
Bww München-Hbf von 26.7.52 bis 28.11.52	E.A.W. Freimann Schadgr. I T0 von 1.12.52 bis 28.2.53	24108	unbekannt
Bww München-Hbf von 27.2.53 bis 10.7.53	A.W. Freimann Schadgr. I T0 von 9.7.53 bis 25.8.53	48896	unbekannt
Bww München-Hbf von 25.8.53 bis 3.9.53	A.W. Freimann Schadgr. I T0 von 3.9.53 bis 23.9.53	49000	unbekannt
Bww München-Hbf von 23.9.53 bis 9.6.54	A.W. Freimann Schadgr. T2 von 9.6.54 bis 16.1.55	50831	unbekannt
Bww München-Hbf von 16.1.55 bis 25.6.57	AW Cannstatt Schadgr. T 3 von 26.6.57 bis 30.10.57	23226	unbekannt
Bww München-Hbf von 31.10.57 bis 7.11.57	AW Cannstatt Schadgr. T 0 von 8.11.57 bis 18.11.57		"
Bww München-Hbf von 19.11.57 bis 11.12.57	AW Cannstatt Schadgr. T 0 von 12.12.57 bis 23.12.57		

*) Die Leistung in Spalte 5 und 6 ist bei jeder Zuführung zum Reichsbahnausbesserungswerk einzutragen. Bei Abgabe des Fahrzeuges an ein anderes Bahnbetriebswerk ist die Leistung seit dem letzten Ausgang mit Bleistift zu vermerken.

991 27 Standorte und Leistungen. A 4 h 6 a 4000 München IX 40 Mühlthaler

Bild 165 ▷
Blatt 2 der „Standorte und Leistungen".

Abbildungen (2): Sammlung Steffen Lüdecke

Die zeitlichen oder laufwegabhängigen Untersuchungsfristen änderten sich im Laufe der Jahre ab 1935, wobei der Trend zur stetigen Verlängerung der Fristabstände führte. Zuletzt unterlagen die ET 11 der Eisenbahn-Bau- und Betriebsordnung (BO) vom 1. September 1957. Danach waren Untersuchungen mindestens alle vier Jahre durchzuführen. Die Frist durfte zweimal um je ein Jahr verlängert werden, wenn der Zustand der Fahrzeuge dies zuließ. Kurz zuvor – am 11. April 1957 – hatte die HVB laufkilometerabhängige Untersuchungsfristen eingeführt, wobei die BO-Fristen als Höchstwerte galten, die nur ausgeschöpft werden durften, wenn die Laufkilometergrenze nicht überschritten wurde. Die ET 11 wurden zunächst nicht in das neue Instandhaltungssystem einbezogen, da ihre Abstellung schon erwogen wurde. Später setzte man einen Laufkilometergrenzwert von 300.000 km fest, der jedoch in der Praxis nie erreicht wurde.

Wenn man die Jahre vor 1945 ausklammert, in denen die Aufschreibungen auch kriegsbedingt lückenhaft sind, kommen die drei ET 11 auf eine durchschnittliche jährliche Laufleistung von nur 23.850 km je Fahrzeug. Selbst im „Rekordjahr“ 1958 wurden für jeden Triebwagen nur 134.000 km erreicht. Geht man vom Durchschnittswert nach 1945 aus, hätte es mehr als zehn Jahre gedauert, ehe eine Untersuchung nach Laufkilometergrenzwert erforderlich geworden wäre.

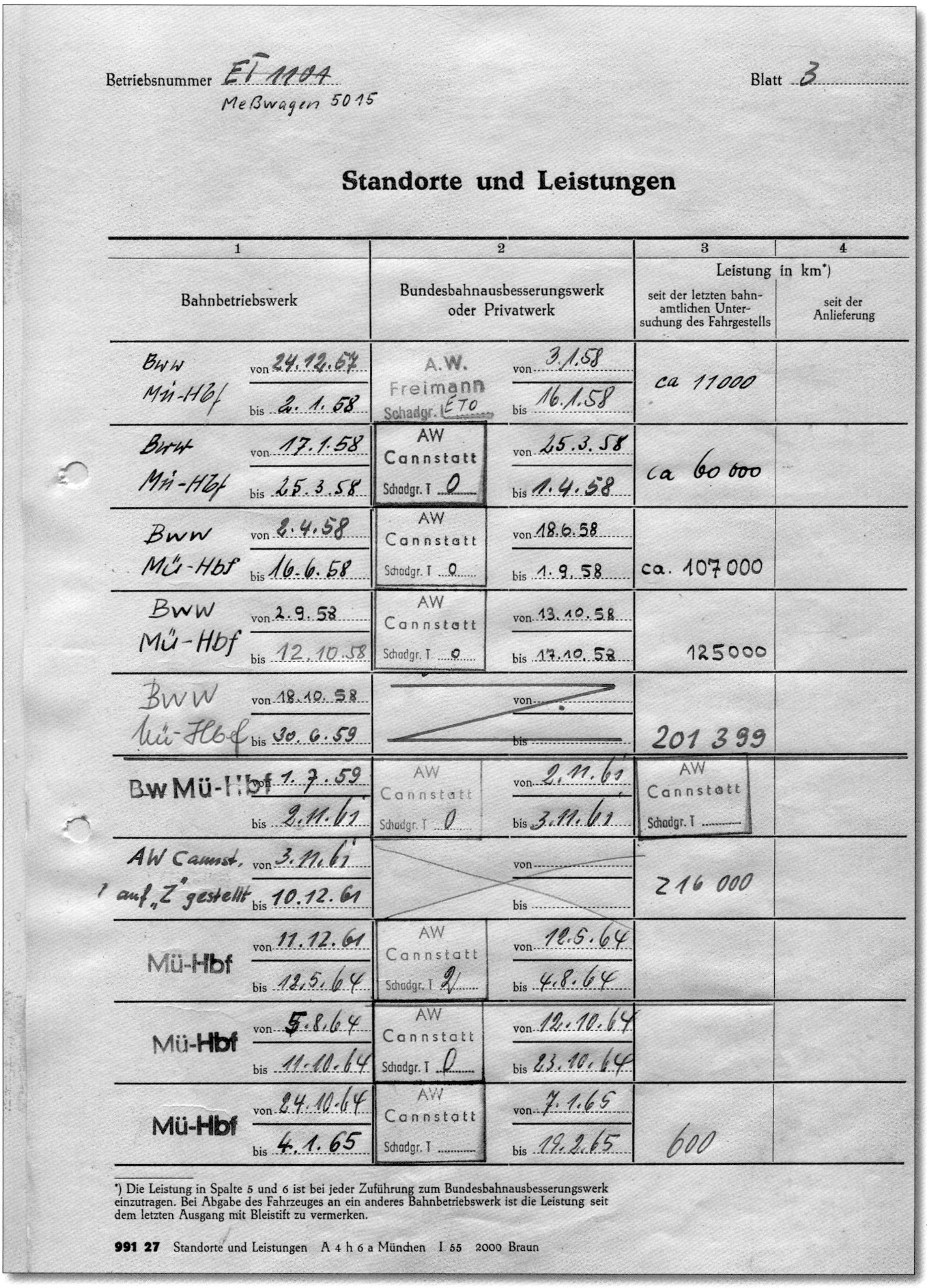

Betriebsnummer ET 1104
Meßwagen 5015

Blatt 3

Standorte und Leistungen

1 Bahnbetriebswerk		2 Bundesbahnausbesserungswerk oder Privatwerk		3 Leistung in km*) seit der letzten bahnamtlichen Untersuchung des Fahrgestells	4 seit der Anlieferung
Bww Mü-Hbf	von 24.12.57 bis 2.1.58	A.W. Freimann Schadgr. ETO	von 3.1.58 bis 16.1.58	ca 11000	
Bww Mü-Hbf	von 17.1.58 bis 25.3.58	AW Cannstatt Schadgr. T 0	von 25.3.58 bis 1.4.58	ca 60 000	
Bww Mü-Hbf	von 2.4.58 bis 16.6.58	AW Cannstatt Schadgr. T 0	von 18.6.58 bis 1.9.58	ca. 107000	
Bww Mü-Hbf	von 2.9.58 bis 12.10.58	AW Cannstatt Schadgr. T 0	von 13.10.58 bis 17.10.58	125000	
Bww Mü-Hbf	von 18.10.58 bis 30.6.59		von bis	201 399	
Bw Mü-Hbf	von 1.7.59 bis 2.11.61	AW Cannstatt Schadgr. T 0	von 2.11.61 bis 3.11.61	AW Cannstatt Schadgr. T	
AW Cannst. / auf „Z“ gestellt	von 3.11.61 bis 10.12.61		von bis	Z 16 000	
Mü-Hbf	von 11.12.61 bis 12.5.64	AW Cannstatt Schadgr. T 2	von 12.5.64 bis 4.8.64		
Mü-Hbf	von 5.8.64 bis 11.10.64	AW Cannstatt Schadgr. T 0	von 12.10.64 bis 23.10.64		
Mü-Hbf	von 24.10.64 bis 4.1.65	AW Cannstatt Schadgr. T	von 7.1.65 bis 19.2.65	600	

*) Die Leistung in Spalte 5 und 6 ist bei jeder Zuführung zum Bundesbahnausbesserungswerk einzutragen. Bei Abgabe des Fahrzeuges an ein anderes Bahnbetriebswerk ist die Leistung seit dem letzten Ausgang mit Bleistift zu vermerken.

991 27 Standorte und Leistungen A 4 h 6 a München I 55 2000 Braun

◁ **Bild 166**
Blatt 3 der „Standorte und Leistungen“.

Betriebsnummer ~~MWg 5015~~ 723 001-4 | Blatt 4

Standorte und Leistungen

1		2		3	4
Bahnbetriebswerk		Bundesbahnausbesserungswerk oder Privatwerk		Leistung in km*) seit der letzten bahnamtlichen Untersuchung des Fahrgestells	Leistung in km*) seit der Anlieferung
Mü-Hbf	von 20.2.65 bis 8.4.65		von … bis …	1000	
Mü-Hbf	von ~~9.4.65~~ bis ~~28.4.65~~	AW Cannstatt Schadgr. T 0	von 9.4.65 bis 28.4.65	—	
Mü-Hbf	von 29.4.65 bis 28.7.68	AW Cannstatt Schadgr U 0	von 29.7.68 bis 23.8.68	ca 15000	
Mü-Hbf	von 24.8.68 bis 11.06.69	AW Cannstatt Schadgr U 0	von 12.6.69 bis 19.6.69		
Mü-Hbf	von 19.6.69 bis …		von … bis …		

Bild 167 ▷
Blatt 4 der „Standorte und Leistungen".

Monatsnachweis über Verwendung, Leistung, Ausbesserungskosten und Stoffverbrauch im Bw

~~Steuerwagen~~ ~~Speicher~~ - elektr - ~~Diesel~~ - Triebwagen Nr ET 1101 a/b

10 Jahr und Monat	11 im Dienst l	12 an Dritte vermietet v	13 kurzzeitig abgestellt k	14 in Reserve r	15 schadhaft: wartet auf Ausbesserung im Bw x	16 schadhaft: in Ausbesserung im Bw b	17 schadhaft: wartet auf EAW-Ausbesserung (bei EAW oder Bw) w	18 schadhaft: in Ausbesserung im EAW h	19 schadhaft: in Ausbesserung im Bw zu Lasten des EAW h	20 schadhaft: von der Ausbesserung zurückgestellt z	21 Abstelltage: angefallen (insgesamt Spalte 12 bis Spalte 20)	22 Abstelltage: von Spalte 21 sind anrechnungsfähig	23 Abstelltage: insgesamt seit der letzten Untersuchung	24 Leistung im Monat: 1000 Leistungstonnenkm	25 Leistung im Monat: Kilometer	26 Leistung: Kilometer seit der letzten Untersuchung	27 Ausbesserungskosten der Schadgruppe 1 in DM: im Monat	28 Ausbesserungskosten der Schadgruppe 1 in DM: insgesamt seit der letzten Untersuchung	29 Brennstoffverbrauch in l: im Monat	30 Brennstoffverbrauch in l: auf 1000 Ltkm (Sp29/Sp24 · 10^3)	31 Bemerkungen
1952 Übertrag	—	—	75	—	—	76	—	132	—	—				—	—	—	—	—			Am 11.11.52 zur Tu-Unt.
April	—	—	—	—	—	—	—	30	—	—				—	—	—	—	—			in das EAW Freimann
Mai	—	—	—	—	—	—	—	31	—	—				—	—	—	—	—			
Juni	—	—	—	—	—	—	[illegible]	30	—	—				—	—	—	—	—			Tu-Unt. am 11.7.52
Juli	8	—	—	—	—	—	[illegible]	23	—	—				332	2520	2520	371,-	371,-			im EAW Mü-Freim.
Aug.	27	—	1	—	—	9	—	—	—	—				1052	8740	11260	771,-	1142,-			
Sept.	16	—	10	—	—	4	—	—	—	—				1172	9719	20979	1552,-	2694,-			
Okt.	7	—	22	—	—	2	—	—	—	—				382	1857	23830	493,-	3187,-			
Nov.	4	—	20	—	—	3	—	3	—	—				32	278	24108	611,-	3798,-			
Dez.	—	—	—	—	—	—	—	31	—	—				45	394	24502	—	3798,-			
53 Jan.	—	—	—	—	—	—	—	31	—	—				—	—	24502	—	3798,-			
Febr.	—	—	1	—	—	—	—	27	—	—				107	947	25449	—	3798,-			
März	22	—	2	—	—	7	—	—	—	—				678	5626	31075	—	3798,-			
April	7	—	17	—	4	2	—	—	—	—				274	1891	32967	2058,-	5856,-			
Mai	14	—	16	—	—	1	—	—	—	—				555	4636	37603	498,-	6354,-			
Juni	18	—	9	—	—	3	—	—	—	—				847	7453	45056	1030,-	5384,-			
Juli	5	—	4	—	—	—	—	22	—	—				[illegible]	[illegible]	[illegible]	211,-	8595,-			
August	5	—	1	—	—	1	—	24	—	—				184	1795	48081	78,-	8673,-			
Septemb.	2	—	—	—	—	—	1	27	—	—				142	1329	49410	—	8673,-			
Oktober	2	—	—	—	5	2	3	19	—	—				-95	843	50813	92,-	8765,-			
November	—	—	—	—	—	—	—	30	—	—				2	18	50831	—	8765,-			
Dezember	—	—	8	—	—	—	31	—	—	—				—	—	50831	—	8765,-			
54 Januar	—	—	—	—	—	—	31	—	—	—				—	—	50831	—	8765,-			
Februar	—	—	—	—	—	—	28	—	—	—				—	—	50831	—	8765,-			
März	—	—	—	—	—	—	31	—	—	—				—	—	50831	—	8765,-			
April	—	—	—	—	—	—	30	—	—	—				—	—	50831	—	8765,-			
Mai	—	—	—	—	—	—	31	—	—	—				—	—	50831	—	8765,-			

△ **Bild 168** • Monatsnachweis über Verwendung, Leistung, Ausbesserungskosten und Stoffverbrauch im Bw für die Jahre 1952 und 1953.

ABBILDUNGEN (3): STEFFEN LÜDECKE

Monatsnachweis über Verwendung, Leistung, Ausbesserungskosten und Stoffverbrauch im Bw

Steuerwagen–Speicher- elektr.–Diesel-Triebwagen Nr. ET 1101

10	11	12	13	14	15	16	17	18	19	20	21	22	23	24	25	26	27	28	29	30	31
Jahr und Monat	Der Wagen war: im Dienst	kurzzeitig unbenutzt	in Reserve	an Dritte vermietet	schadhaft: in Ausbesserung im Bw	Warten auf Ausbesserung im Bw	in Ausbesserung im AW	Im AW-Ausbesserung im Bw	Warten auf Ausbesserung	von der Ausbesserung zurückgestellt	Abstelltage: angefallen Summe Sp. 12 u. 13 u. 15 bis 20	von Spalte 21 sind anrechnungsfähig	insgesamt seit der letzten Untersuchung	Leistung im Monat: 1000 Leistungstonnenkm	Kilometer	Kilometer seit der letzten Untersuchung	Ausbesserungskosten der Schadgruppe 1 in DM: im Monat	insgesamt seit der letzten Untersuchung	Kraftstoff- und Energieverbrauch im Monat: Kraftstoff in l / Energie in kWh	t / 10³ tkm; kWh / 10³ tkm	Bemerkungen
1959	l	k	r	v	b	x	h	ħ	w	z											
Übertrag	278	293			81		151		1				526	21253		206052		44449			
Dez.	4	27									27	27	553	35	308	206360	506	44955			
1960	282	320			81		151		1				553	21290		206360		44955			
Jan.	1	30									30	30	583	–	–	–"–	–	–"–			
Feb.	3	22			4						26	26	609	45	374	206734	1227	46182			
März		31									31	31	640	–	–	"	–	"			
April		30									30	30	670	–	–	–"–	54	46638			
Mai	2	29									29	29	699	65	568	207302	297	46532			
Juni	2	28									28	28	727	25	180	207482	128	46660			
Juli	6	25									25	25	752	242	1887	209369	1013	47673			
Aug.	2	29			1						29	29	781	112	986	210355	43	47766			
Sep.	4	26									26	26	807	147	1122	211477	207	47923			
Okt.		31									31	31	838	–	–	–"–	75	48048			
Nov.	4	18			7	1					26	26	864	77	770	212247	2116	50164			
Dez.										31	31	31	895	–	–	–"–	76	50240			
1961	306	618			93	1	151		1	31			895	22003		212247		50240			
Jan.	5	25			1						26	26	921	92	1040	213287	262	50477			
Feb.	2	26									26	26	947	63	556	213843	21	51195			
März		31									31	31	978	–	–	–"–	79	51277			
April	2	21					7				28	28	1006	19	158	214001	160	51437			
Mai	2	24									29	29	1035	104	887	214888	–	–"–			
Juni		30									30	30	1065	–	–	–"–	59	51496			
Juli	3	28									28	28	1093	86	674	215562	224	51727			
Aug.	3	28									28	28	1121	31	574	216136	84	51811			
Sep.			bis 10. Dez. [illegible] und [illegible] abgestellt											–	–	"	–	"			
Okt.														–	–	"	–	"			
Nov.														–	–	"	–	"			
Dez.	3	18									18	18	1139	31	270		–	"			
																216406					

10	11	12	13	14	15	16	17	18	19	20	21	22	23	24	25	26	27	28	29	30	31
1962	324	854			94	1	158		1	31			1139	22429		216406		51811			
Jan.	13	17			1						18	18	1157	147	1267	217673					
Feb.	2	26									26	26	1183	12	104	217777					
März	1	30									30	30	1213	8	74	217851					
April	1	27			2						29	29	1242	2	13	217864					
Mai	1	30									30	30	1272	2	13	217877					
Juni	3	27									27	27	1299	82	570	218447					
Juli	5	24			2						26	26	1325	53	430	218877					
Aug.	1	27			3						30	30	1355	116	1018	219895					
Sep.	1	29									29	29	1384	10	140	220035					
Okt.	1	30									30	30	1414	63	388	220423					
Nov.	1	27			2						29	29	1443	27	218	220641					
Dez.		5					26				31	31	1474	–	–	"					6.12. zu ETO
1963																220641					
Jan.	2	18					11				29	29	1503	46	422	221063	31.1. ausgemustert				12.1. ETO
4.1.64																	4.1.64 zu ET 2				
5.1.64																	5.1. [illegible] ET 2				
zu übertragen:																					

Bemerkung: Bei Zuführung eines Wagens zum AW sind die Bw-Kosten soweit hierzu der Gruppenkostennachweis noch nicht [illegible]

△ **Bilder 169 und 170 •** Monatsnachweis über Verwendung, Leistung, Ausbesserungskosten und Stoffverbrauch im Bw für die Jahre 1959 bis 1963 (1964).

Abbildungen (2): Sammlung Steffen Lüdecke

5015

Monat	Betriebstage "/" km	km im Monat	km seit der letzten Untersuchung	Bemerkungen
19 66				
Januar				
Februar				
März				
April				
Mai	—			
Juni	831			
Juli	120			
August	494			
Sept.	26			
Okt.	—			
Nov.	361			
Dez.	—			
19 67				
Januar	901			
Februar	120			
März	13			
April	46			
Mai	13			
Juni	52			
Juli	292			
August	92			
Sept.	666			
Okt.	1847			
Nov.	197			
Dez.	58			
19 68				
Januar	31			
Februar	700			
März	1300			
April	700			
Mai	400			
Juni	—			
Juli	1100			
August	300			
Sept.	900			
Okt.	300			
Nov.	200			
Dez.	—			
19 69				
Januar	—			
Februar	700			
März	1500			
April	1700			
Mai	700			
Juni	1900			
Juli	1800			
August	300			
Sept.	200			
Okt.	200			
Nov.	800			
Dez.	100			

Monat	Betriebstage "/"	km im Monat	km seit der letzten Untersuchung	Bemerkungen
19 70				
Januar				
Februar	28	1100		
März	—	—		
April	30	—		
Mai	—	—		
Juni	30	—		
Juli	31	—		
August	4	—		
Sept.	—	—		
Okt.	—	—		
Nov.	—	—		
Dez.	—	—		
19 71				
Januar	—	1100		
Februar				
März				
April				
Mai				
Juni				
Juli				
August				
Sept.				
Okt.				
Nov.				
Dez.				
19				
Januar				
Februar				
März				
April				
Mai				
Juni				
Juli				
August				
Sept.				
Okt.				
Nov.				
Dez.				

Erläuterungen siehe Vordruck 948 III 10 (neu)

△ **Bild 171 •** Aufstellung der monatlichen Laufleistungen des Mü 5015 bzw. 723 001 für die Jahre 1966 bis 1971. Es ist angesichts der geringen Kilometerangaben verständlich, dass der Messtriebwagen nur selten fotografiert werden konnte.

12 Ausmusterung

Am 4. Februar 1959 beantragte die OBL Süd die Ausmusterung der drei Triebwagen. Noch während des Winterfahrplan 1958/59 wurden die ET 11 aus dem F-Zug-Verkehr zurückgezogen. Der ET 11 01 wurde im August 1961 im AW Cannstatt z-gestellt.

Alle drei Triebwagen wurden durch die HVB mit ihrer Verfügung 25.251 Fau 592 am 25. September 1961 ausgemustert. Im Merkbuch für die Schienenfahrzeuge der DB (DV 939 b, Ausgabe 1961) sind die drei Wagen nicht mehr enthalten. Der beabsichtigte Verkauf durch das BZA München kam nicht zustande. Daher sollten die verwendbaren Teile der elektrischen Ausrüstung in den Ausbesserungswerken der DB als Ersatzstücke für ET 25, ET 32 und verwandte Triebwagen verwendet werden. ET 11 02 und ET 11 03 wurden 1966 an die Firma Layritz verkauft und in Feldkirchen (bei München) im Januar 1967 verschrottet.

Die Ausmusterung für den ET 11 01 wurde am 21. November 1961 durch die HVB ausgesetzt, da das Fahrzeug als Versuchsfahrzeug genutzt werden sollte. Seit 11. Dezember 1961 wurde es wieder im Einsatzbestand geführt. Endgültig aus dem Dienst genommen wurde es knapp 30 Jahre nach seiner Bestellung erst am 31. Januar 1963.

Nach längerer Abstellzeit im AW Cannstatt entschied die HVB am 26. März 1964 den Triebwagen als Bahndienst-Triebwagen weiter zu verwenden und legte für ihn die neue Nummer München 5015 fest (Verfügung 25.252 Fau 521). Am 15. Mai 1964 wurde er wieder in Dienst gestellt und erhielt eine Revision nach Schadgruppe ET 2 im AW Cannstatt, die am 4. August 1964 abgeschlossen war. Teile der Inneneinrichtung waren im Sommer 1963 schon im AW Cannstatt entfernt worden. Danach war das Fahrzeug als Messtriebwagen (laut Anschrift „Meßwagen A") München 5015 bei der Versuchsanstalt München im Einsatz. Die beiden vorhandenen Stromabnehmer der Einheitsbauart DBS 54 blieben erhalten.

△ **Bild 172** • Front des ET 11 03 am 22. August 1966 im AW Stuttgart-Bad Cannstatt. Auffallend ist der nicht eingebaute dritte Scheibenwischer am linken Frontfenster.

◁ **Bild 173**
Eine Rarität stellt diese Aufnahme dar, da sie einen getrennten ET 11 zeigt. Die beiden Teile des ET 11 03 wurden auf zwei Gleisen nebeneinander abgestellt. Hier zeigt sich der Teil b am 22. August 1966 im AW Stuttgart-Bad Cannstatt.

◁ **Bild 174**
Auf dieser Aufnahme ist der Wagenübergang des a-Teils vom ET 11 03 zu sehen. Das zylindrische Teil ist die auch beim b-Teil vorhandene Hochspannungskammer. Auf dem Dach über dieser Kammer befand sich der Durchführungsisolator. Mit ihm und der Kammer sowie dem Kabel unter der Kammer wurden die 15.000 V/16 2/3 Hz Wechselstrom in das Fahrzeug zum Trafo geleitet. Gut zu sehen ist auch der einseitig angebrachte Puffer der Kurzkupplung.

△ **Bild 175** • ET 11 02 am 22. August 1966 im AW Stuttgart-Bad Cannstatt. Das Fahrzeug macht einen schon recht heruntergekommenen Eindruck. Am vorderen Wagenübergang sind die Halterungen für das Namensschild des Zugpaares „Münchner Kindl" zu erkennen. AUFNAHMEN (4): DIETER SPILLNER

△ **Bild 176** • Offensichtlich wollte man die 1961 ausgemusterten ET 11 02 und 03 nicht sofort verschrotten. So standen sie 1965 noch im AW Stuttgart-Bad Cannstatt abgestellt, ehe sie schließlich 1967 in München-Feldkirchen zerlegt wurden. AUFNAHME: GERHARD GRESS, ARCHIV HELMUT GRIEBL

13 Messtriebwagen

Der am 25. September 1961 ausgemusterte ET 11 01 wurde im AW Cannstatt am 3. November 1961 von der Ausbesserung zurückgestellt und war bis zum 2. November 1961 beim Bww München Hbf; anschließend als Messtriebwagen 5015 bei der Versa München. 1968 erhielt er die UIC-Nummer 723 001-4. Im Schriftfeld trug er weiterhin die Anschrift „Meßwagen A, VersA München, Elektrotechnische Abteilung". Beheimatet blieb der Wagen weiter beim Bw München Hbf. Dabei fällt auf, dass der Wagen in einer bildlichen Übersicht der in München beheimateten Wagen vom 1. Mai 1965 nicht enthalten ist. Offenbar wollte man sich mit diesem Sonderling nicht mehr identifizieren.

Für den Einsatz des ET 11 01 als Messtriebwagen wurden im Wagen a die Inneneinrichtung entfernt und die Magnetschienenbremse ausgebaut. Der Außenanstrich blieb in Purpurrot (RAL 3004) und wurde lediglich aufgefrischt, wobei alle Zierlinien und das anthrazitfarbene Kopffeld entfielen. Letztmalig erhielt der Messtriebwagen 1968 wieder einen neuen Anstrich. Wie die Abbildung zeigt, wieder in Sparversion ohne Zierlinien, Dach und Schürze waren grau abgesetzt. Auf den weißen Warnstrich der Pufferteller wurde verzichtet. Als Diensttriebwagen hatte das Fahrzeug keine unterstützende Lobby mehr.

Als Messtriebwagen wurden fast schon naturgemäß nur sehr geringe Jahreslauf-

△ **Bild 177** • Nach längerer Abstellzeit im AW Bad Cannstatt traf der Fotograf den ET 11 01 am 9. Mai 1964 dort an. Wind und Wetter haben am Fahrzeug genagt. Es ist kaum vorstellbar, dass der Triebwagen bereits im August desselben Jahres als Messtriebwagen Mü 5015 wieder im Einsatz sein würde.

△ **Bild 178** • Der ET 11 01 am 9. Mai 1964 im AW Stuttgart-Bad Cannstatt.

△ **Bild 179** • Blick auf den Führertisch im ET 11 01 im AW Bad Cannstatt am 9. Mai 1964. Im Laufe der Zeit sind – im Vergleich zu Bild 58 auf Seite 30 – einige Anzeigeinstrumente hinzugekommen.

leistungen erzielt. So nennt der Betriebsbogen für das Jahr 1966 1.832 km, für 1967 immerhin 4.297 km. Bis 1969 war der Triebwagen noch planmäßig im Einsatz. Dabei z. B. wurden zwischen Nürnberg und Bamberg Messfahrten mit dem ET 45 01 durchgeführt. Für das letzte volle Einsatzjahr 1970 werden noch 123 Einsatztage mit 1.100 km genannt. Die letzte Bedarfsausbesserung U 0 wurde im AW Cannstatt am 19. Juni 1969 bescheinigt. Der Triebwagen kehrte danach zum Heimatwerk Bw München Hbf zurück. Mit dieser Eintragung enden die Bescheinigungen im Betriebsbuch.

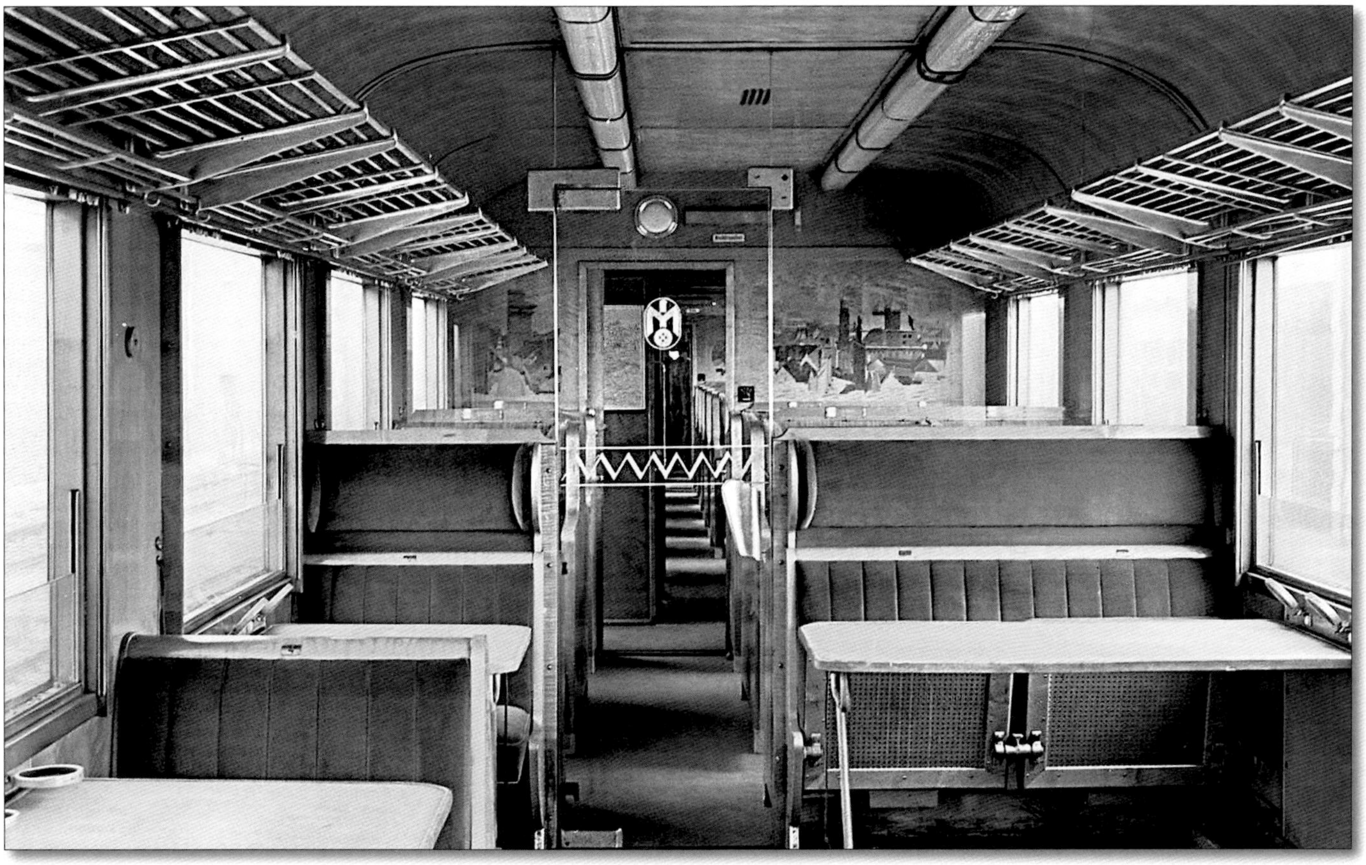

△ **Bild 180** • Und so zeigte sich am 9. Mai 1964 im AW Stuttgart-Bad Cannstatt der Speiseraum im ET 11 01.

Aufnahmen (4): Ulrich Montfort

△ **Bild 181** • Der ET 11 01 steht nach seinem Umbau zum Messtriebwagen Mü 5015 auf dieser Aufnahme aus dem Sommer 1964 im Heizprüfstand des AW Stuttgart-Bad Cannstatt.

Aufnahme: Wilhelm Semm

△ **Bild 182** • Anfang August 1964 traf der zum Messtriebwagen Mü 5015 umgebaute ET 11 01 in München ein. Dort fotografierte ihn am 7. August 1964 der Eisenbahnfotograf Dr. Günther Scheingraber, als eine V 60 den Messtriebwagen rangierte.

△ **Bild 183** • Am 11. Mai 1966 stand der Messtriebwagen im Bw München Hbf auf dem westlichen Teil des Freigeländes.

△ **Bild 184** • Am 11. Mai 1966 wurde der Messtriebwagen im Bw München Hbf angetroffen. Gut zu erkennen ist die auf einer hellroten Fläche aufgetragene neue Beschriftung. Lediglich der Wagenspiegel am linken Kopfende wurde beibehalten.

Aufnahmen (3): Dr. Günther Scheingraber/EK-Verlag

△ **Bild 185** • Der Messtriebwagen Mü 5015 im Jahr 1967 in der Versuchsanstalt München-Freimann. AUFNAHME: BZA MÜNCHEN, SAMMLUNG HEINZ KURZ

△ **Bild 186** • Der Mess-Tw Mü 5015 (ex ET 11 01) wurde am 2. Dezember 1967 im Bw München Hbf neben einer ET/ES-85-Garnitur angetroffen. AUFNAHME: RONALD KRUG

△ **Bild 187** • Es gehörte schon Glück dazu, den Messtriebwagen 723 001 während eines Einsatzes zu fotografieren, wie hier am 31. Mai 1969 in Regensburg Hbf. Die monatlichen Laufleistungen waren nicht sonderlich hoch. Im Mai 1969 waren es gerade mal 700 km (siehe auch Bild 171 auf S. 95).

△ **Bild 188** • Und hier die andere Seite des 723 001 am 31. Mai 1969 in Regensburg Hbf.

Aufnahmen (2): Andreas Knipping

◁ **Bild 189**
Am 12. Februar 1967 trug der Wagenspiegel noch die alte Gattungsbezeichnung ARD4y, obwohl die Küche und der Speiseraum beim Umbau zum Messtriebwagen entfernt worden waren.

Aufnahme:
Walter Hanold, Archiv Jörg Sauter

◁ **Bild 190**
Im August 1969 wurde der 723 001 am sogenannten Schwarzen Weg beim Bw München Hbf unter der Donnersberger Brücke fotografiert.

Aufnahme:
Steffen Lüdecke

◁ **Bild 191**
Im November 1969 legte der Messtriebwagen 723 001 rund 800 km zurück. In jenem Monat wurde er in Pforzheim fotografiert.

Aufnahme:
Wolfgang-D. Richter

△ **Bild 192** • Am 6. Februar 1972 stand der ausgemusterte Messtriebwagen im Bw München Hbf abgestellt. Das Fahrzeug war vermutlich für die Überführung zu seinem neuen Eigentümer DGEG bereitgestellt worden.

△ **Bild 193** • 723 001 am 6. Februar 1972 im Bw München Hbf. Im Vordergrund steht der b-Teil des Triebwagens. Im Hintergrund ist die Friedenheimer Brücke zu erkennen.

Aufnahmen (2): Steffen Lüdecke

△ **Bild 194** • Kopffront des b-Wagens vom 723 001 am 6. Februar 1972 im Bw München Hbf. Aufnahme: Steffen Lüdecke

△ **Bild 195** • Und hier die Front des a-Wagens. Bemerkenswert ist, wie beim b-Wagen, der Rückspiegel auf der rechten Seite des Führerstandes. Aufnahme: Steffen Lüdecke

△ **Bild 196** • Der Führertisch des b-Wagens ist noch weitestgehend vollständig. Aufnahme: Steffen Lüdecke

△ **Bild 197** • Und hier der Führerstand im a-Wagen. Interessant ist, dass hier ein anderer Geschwindigkeitsmesser (rechts) eingebaut war als im b-Führerstand (siehe Bild 196). Aufnahme: Steffen Lüdecke

△ **Bild 198** • Der Fahrgastraum im b-Teil des Triebwagens. Aufnahme: Steffen Lüdecke

Anfang 1970 erlitt der Messtriebwagen einen Motorschaden, so dass er am 5. August 1970 „z"-gestellt wurde. Mit eigener Kraft konnte er danach nicht mehr eingesetzt werden, absolvierte aber geschleppt noch einige Überprüfungsfahrten. So wurden z. B. für Januar 1971 noch eine Laufleistung von 1.100 km registriert. Die HVB musterte den Triebwagen am 9. Februar 1971 mit Wirkung zum 19. Februar 1971 aus. Beheimatet war der Messtriebwagen seit 5. August 1964 ununterbrochen beim Bw München Hbf.

Anschließend wurde der Wagen an die DGEG abgegeben, wobei die DB die verwertbaren Teile der elektrischen Ausrüstung zurückbehielt. Dazu zählten auch die Stromabnehmer DBS 54, die seit September 1958 auf dem ET 11 01 aufgebaut waren. Ersatzweise erhielt die DGEG zwei Stromabnehmer der Bauart SBS 10.

Die DGEG fügte den Wagen in ihre Fahrzeugsammlung in Neustadt (Weinstraße) ein.

14 Museumsfahrzeug

Der am 19. Februar 1971 ausgemusterte Messtriebwagen wurde am 25. Februar 1971 von der DGEG als Museumsfahrzeug gekauft. Danach stand das Fahrzeug bis Anfang Februar 1972 abgestellt im Bw München Hbf. Im selben Monat wurde es an die DGEG übergeben. Seit April 1972 war es in Baden-Oos geschützt hinterstellt und wurde anschließend beim Bremer Waggonbau (früher Hansa-Waggon in Bremen) aufgearbeitet. Die Neubau-Drehgestelle wurden dabei belassen, ebenso die Zug- und Stoßeinrichtung, um das Fahrzeug in Regelzügen überführen zu können.

Der a-Teil war weitgehend ohne Inneneinrichtung, während der b-Teil noch fast vollständig eingerichtet war. Das fertige Fahrzeug erhielt einen an die Ursprungsfarbgebung angelehnten neuen Zweifarbanstrich in Elfenbein/Zinnoberrot ohne die Zierstreifen zur Begrenzung des elfenbeinfarbenen Feldes und wurde 1980 erstmals präsentiert. Die Anleihe bei der Ursprungsfarbgebung passte allerdings nicht zum technischen Zustand des Fahrzeuges. Es wäre richtiger gewesen, z. B. den purpurroten Anstrich der DB-Zeit wieder herzustellen, unter dem der Triebwagen auch einer breiteren Öffentlichkeit bekannt wurde.

Ist das Museumsfahrzeug ein Beispiel für richtungsweisende Technik in der deutschen Eisenbahngeschichte? Man muss dabei an die Ursprünge des ET 11 erinnern. Gedacht und bestellt als Erprobungsträger für elektrische Triebwagen mit nur geringer nicht am kommerziellen Bedarf orientierter Sitzplatzzahl sollte er durch Voraberprobung als kritisch eingestufter Komponenten die Risiken künftiger Serienfahrzeuge des Schnellverkehrs auf elektrifizierten Strecken verringern. Als konzeptioneller Vorläufer für ein Serienfahrzeug konnte er also bestimmungsgemäß nicht gelten. Die geringe Zahl von Einsätzen mit der vorgesehenen Geschwindigkeit von 160 km/h hielt den Erfahrungshorizont in sehr überschaubaren Grenzen, der dann mit Kriegsbeginn 1939 ein abruptes Ende fand. Streng genommen gab es keine systematische Erprobung über einen längeren Zeitraum. Greift man den Erprobungsgedanken auf der Komponentenebene auf, muss man feststellen, dass weder der Wechselstrom-Kommutatormotor mit seinen eingebauten Antriebsvarianten noch die Steuerungs- und Bremssysteme oder Stromabnehmer für den elektrischen Schnellverkehr der Zukunft richtungsweisend wurden. Den Übergang in eine kommerzielle Serie schaffte der ET 11 nie. Seine Einsätze in der Nachkriegszeit waren Notlösungen unter besonderen Voraussetzungen. Sobald diese nicht mehr gegeben waren, endeten auch die Einsätze. Das gilt auch für seinen bekanntesten Einsatz im Fernschnelltriebwagen MÜNCHNER KINDL, der schon nach knapp zwei Jahren endete.

Der ET 11 01 steht normalerweise in der Fahrzeughalle des DGEG-Museums in Neustadt (Weinstr). Nur zu besonderen Anlässen wird der Triebwagen aus der Halle geholt. So z.B. am 1. Mai 1988, als die Mitglieder der BSW-Gruppe Bw Haltingen mit dem Museums-Triebzug ET 25 015 das DGEG-Museum besuchten. Oder zur großen Fahrzeugausstellung im DGEG-Museum Bochum-Dahlhausen vom 3. bis zum 13. Oktober 1985, als der Triebwagen dorthin überführt wurde und dort ein gern und oft fotografiertes oder gefilmtes Objekt war.

△ **Bild 199** • Als einer der wenigen Zeugen des Schienenschnellverkehrs in den dreißiger Jahren überstand ET 11 01 die Zeiten und ist seit vielen Jahren in seiner Reichsbahn-Farbgebung im Eisenbahnmuseum in Neustadt (Weinstr) zu besichtigen. Anlässlich eines Besuches des Haltinger ET 25 015 am 1. Mai 1988 kam es in Neustadt zu diesem interessanten Treffen.

Aufnahme: Gerhard Gress, Archiv Helmut Griebl

△ **Bild 200** • Nach Abschluss der Nürnberger Paraden im Jahr 1985 anlässlich „150 Jahre deutsche Eisenbahnen" lief die Vorbereitung zur Bochum-Dahlhausener Fahrzeugausstellung an. Aus ganz Deutschland wurden die Fahrzeuge zusammengezogen. Dazu gehörten u.a. ET 11 01, E 19 01, 75 1118 und 18 505, die die Oberhausener 140 253 als Dsts 80463 von Trier nach Bochum-Dahlhausen brachte, hier am 24. September 1985 in Opladen. Aufnahme: Joachim Bügel/Eisenbahnstiftung

△ **Bild 201** • Erst mit den drei Triebwagen der Baureihen 403/404 aus dem Jahr 1973 gab es wieder einen Schnelltriebwagen auf deutschen Schienen, diesmal für 200 km/h. Am 8. Oktober 1985 steht der Lufthansa Airport Express mit den Triebköpfen 403 004 und 403 003 neben dem ET 11 01. Aufnahme: Ernst Andreas Weigert

△ **Bild 202** • Der Lufthansa Airport Express 403 004 und 403 003 neben dem ET 11 01 am 8. Oktober 1985. Schon einmal gab es in Bochum-Dahlhausen ein Treffen des ET 11 01 mit dem „Donald Duck". Dies war Mitte der siebziger Jahre. Damals trug der 403/404 noch die ursprüngliche Lackierung. AUFNAHME: ERNST ANDREAS WEIGERT

△ **Bild 203** • Nach Beendigung der Fahrzeugausstellung in Bochum-Dahlhausen brachten interessante Lok- und Triebwagenzüge die Ausstellungsexponate zurück, hier am 14. Oktober 1985 in Bochum-Dahlhausen 221 108 mit ET 11 01, E 19 01, E 18 08, E 04 20, E 17 103 und 116 009 am Haken. AUFNAHME: WOLFGANG BÜGEL/EISENBAHNSTIFTUNG

15 Literaturverzeichnis

[1] ZEV Glasers Annalen, Dokumentationskarte 638/639 D: Zweiteilige Wechselstrom-Schnelltriebzüge Baureihe ET 11

[2] Zschech, Rainer: Triebwagen –Archiv, Berlin 1965

[3] Troche, Horst; Tietze, Christian: Entwicklungsgeschichte der elektrischen Triebwagen in: „1879-1979 – 100 Jahre Elektrische Eisenbahn“, Starnberg 1980

[4] Deutsche Reichsbahn, RZA München: Beschreibung des zweiteiligen Wechselstrom-Schnelltriebwagens für 160 km/h Geschwindigkeit (die Beschreibung bezieht sich auf den von der Maschinenfabrik Esslingen gebauten und von BBC elektrisch ausgerüsteten Wagen 1900 a/b (die Beschreibung enthält z. T. vorläufige Werte)

[5] Deutsche Bundesbahn, Kurzbeschreibung des zweiteiligen Wechselstrom-Schnelltriebwagens für 160 km/h Geschwindigkeit ET 11

[6] Deutsche Reichsbahn-Gesellschaft, Reichsbahn-Zentralamt, München, November 1935 – Technische Bedingungen für die Lieferung des Wechselstrom-Doppeltriebwagens leichter Bauart für 160 km/h mit Ausrüstung BBC (elT 1900 Übersichtsskizze 552 i der Mf Esslingen (47 Seiten, 8 Anlagen mit Berichtigungsblatt I vom 10.11.1936)

[7] Deutsche Reichsbahn-Gesellschaft, Reichsbahn-Zentralamt, München, November 1935 – Technische Bedingungen für die Lieferung des Wechselstrom-Doppeltriebwagens leichter Bauart mit Ausrüstung SSW (elT 1901), Apparateanordnung nach Skizze MAN Tw 21 470 (47 Seiten, 8 Anlagen)

[8] Deutsche Reichsbahn-Gesellschaft, Reichsbahn-Zentralamt, München, November 1935 – Technische Bedingungen für die Lieferung des Wechselstrom-Doppeltriebwagens leichter Bauart mit Ausrüstung AEG (elT 1902), Apparateanordnung nach Skizze MAN Tw 21 471 (47 Seiten, 8 Anlagen)

[9] Merkbuch für die Fahrzeuge der Reichsbahn (Ausgabe 1941), III. Elektrische Lokomotiven, Elektrische Trieb-, Steuer- und Beiwagen (939 c, Reichsbahn-Zentralamt München)

[10] Troche, Horst: Eisenbahnen und Museen, Monographien der DGEG, Folge 46, „Die elektrischen Schnelltriebwagen elT 1900 bis 1902 der Deutschen Reichsbahn (Baureihe ET 11), Werl 1999

[11] Scharf, Hans-Wolfgang; Ernst, Friedhelm: Vom Fernschnellzug zum Intercity, Freiburg 1983

[12] Iffländer, Helmut; Paule, Thomas; Braun, Andreas; Rieger, Gerhard: Die elektrischen Einheitstriebwagen der Deutschen Reichsbahn, Band III: Die Triebwagen für Städteschnellverkehr ET 11 und 31/32; München 1989

[13] von Mitzlaff, Berndt; Dietz, Günther; Jauch, Peter: 60 Jahre Schnellverkehr in Deutschland, Sonderausgabe I/1994 Eisenbahn-Journal, Fürstenfeldbruck, 1994

[14] Rampp, Dr. Brian; Elektrische Triebwagen deutscher Eisenbahnen, Dokumentation der Betriebsdaten (Eisenbahn-Fahrzeugarchiv 5.2), Düsseldorf 1999

[15] Traube, Manfred: Die elektrischen Triebwagen der Baureihe ET 11, Eisenbahn-Kurier, Heft 3/2001, S. 48-50

[16] Weber, Alexander: Fotoalbum der Maschinenfabrik Esslingen – Triebwagen, Warburg 2021

[17] Bundesarchiv: Luftschiffbau Zeppelin GmbH, Friedrichshafen: Berichte über die Versuche 600/85 und 600/92 (Stromabnehmer für elektrische Schnelltriebwagen)

[18] drehscheibe-online.de: Verschiedene Beiträge über den ET 11

△ **Bild 204** • Die Waggon- und Maschinenbau GmbH in Donauwörth warb mit einem stilisierten ET 11 und einem SVT. ABBILDUNG: SAMMLUNG OLIVER STRÜBER

16 Anlagen

Anlage 16.1 - Hauptabmessungen			
Gattungszeichen			BPw4ük / B4ü
Gattungszeichen (ab 1962)			ARDy / Ay
Länge über Puffer (Doppelwagen)			43.585 mm
Länge des Einzelwagens			21.793 mm
Treibraddurchmesser	elT 1900, 1902		1.100 mm (abgenutzt 1.010 mm)
Treibraddurchmesser	elT 1901		950 mm (abgenutzt 920 mm)
Laufraddurchmesser	elT 1900, 1901		950 mm
Laufraddurchmesser	elT 1900 (Umbau Klotzbr.)		980 mm
Laufraddurchmesser	elT 1902		970 mm
Drehgestellradstand	(Triebdrehgestell 1900,1902)		3.700 mm
	(Triebdrehgestell 1901)		3.600 mm
	Nach der Esslinger Zeichnung		
	(Laufdrehgestell)		3.000 mm
Gesamtradstand	(1900, 1902)		35.165 mm
Gesamtradstand	1901)		35.065 mm
Drehzapfenentfernung			13.900 mm
Wagenkastenlänge			21.200 mm
Größte Wagenkastenbreite			2.990 mm
Breite über Seitenwandblech			2.890 mm
Höhe am Dachscheitel			3.800 mm
Fußbodenoberkante über SO			1.240 mm
Fensterbreite	(Standardfenster)		1.400 mm
Fensterbreite	(Toilettenfenster)		1.000 mm
Fensterhöhe			905 mm
Eigenmasse	(1900)	103,2 t	103,48 t (1953)
	(1901)		106,2 t
	(1902)		112,7 t
Dienstmasse	(ET 11 01)		104,0 t
Dienstmasse, voll besetzt	(ET 11 01)		122,9 t
Reibungsmasse	(ET 11 01)	62,9 t	63,38 t (1953)
	(ET 11 02)		62,42
	(ET 11 03)		67,58
Ladegewicht im Gepäckraum			1.650 kg
Ladefläche im Gepäckraum			6,6 m^2
Kleinster befahrbarer Bogenradius			165 m
Kleinster zulässiger Weichenwinkel			1 : 8
Zahl der Sitzplätze			(Wagen a) 30, (Wagen b) 47
Länge des Gepäckraumes (Wagen a)			3.650 mm
Sromabnehmerbauart	elT 1900, 1902		HISW (AEG)
	elT 1901		SBS 36 (SSW)
	ET 11 01 (1954)		HISE 2
	ET 11 03 (1958)		HISE 2
	ET 11 02 (1958)		SBS 39
Transformator-Bauart	elT 1900		TRB REB 30
	elT 1901		ELT 12a
	elT 1902		BLT 109

Anlage 16.1 - Hauptabmessungen (Fortsetzung)			
Transformator-Lieferer	elT 1900		BBC/SSW/AEG
Transformatormasse	elT 1900		2.910 kg (mit Öl und Kessel)
	elT 1901		3.130 kg
	elT 1902		3.400 kg
Ölfüllung	elT 1900		270 kg
Transformatorleistung	elT 1900		410 kVA
	elT 1901		390 kVA
	elT 1902		390 kVA
Heizleistung			90 kW
Motorbauart	elT 1900		ELM 613 H
	elT 1901		ELM 10 a
	elT 1902		ELM 10 a-1
Motordrehzahl	elT 1900		1.860 U/min MB
	elT 1901		1.925 U/min MB
	elT 1902		1.922 U/min MB
	elT 1900 U Tatz		1.862 U/min
Maximale Motorspannung			425 V
Maximale Motorleistung			465 kW
Motorleistung	(1900)	Nh 353, Nd 312,5 kW	355 kW bei 142 km/h
	(1901)	Nh 255, Nd 230 kW	255 kW bei 138 km/h
	(1902)	Nh 255, Nd 239 kW	320 kW bei 145,5 km/h
Übersetzungsverhältnis	(1900)		33 : 76 (2,30)
	(1901)		29 : 61 (2,10)
	(1902)		28 : 66 (2,357)
	(1900) 1. Umbau		24 : 62 (120 km/h)
	(1900) 2. Umbau		23 : 54 (160 km/h)
Zahnradschrägungswinkel	(1900)		8 °
	(1901)		6 °
	(1902)		6 °
Motormasse mit Antrieb	(1900)		3.000 kg (mit Hohlwelle)
	(1901)		2.410 kg
	(1902)		2.850 kg (mit Hohlwelle)

Anlage 16.2 - Umbau ET 11 01 auf Tatzlagerantrieb	
Motorbauart	achtpoliger Reihenschlussmotor
Bauartbezeichnung	EDTM 494 (Version V)
Motorlieferer	Brown Boveri (BBC)
Übersetzung	24 : 63 (i=2,625)
Größte Drehzahl	1770 U/min
Schleuderdrehzahl	2210 U/min
Motormasse	2240 kg
Stundenleistung	275 kW, (Drehzahl 1.530 U/min)
Dauerleistung	243 kW, (Drehzahl 1.650 U/min)
Bremsbauart	Hikss

Anlage 16.3 – Hauptabmessungen (nach Umbau 1957)

	ET 11 01	ET 11 02	ET 11 03
Gattungszeichen	ARD4y / A4y	ARD4y / A4y	ARD4y / A4y
Länge über Puffer	44.215 mm	44.215 mm	44.215 mm
Transformatorleistung	2 x 410 kVA	2 x 410 kVA	2 x 410 kVA
Stundenleistung	1.020 kW	1.020 kW	1.020 kW
Stundengeschwindigkeit	136 km/h		139 km/h
Dauerleistung	920 kW	920 kW	920 kW
Dauergeschwindigkeit	143 km/h		146 km/h
Dienstmasse	107,0 t	106,0 t	113,5 t
Besetztmasse	122,98 t	126,6 t	132,4 t
Reibungsmasse	63,0 t		63,0 t
Stromabnehmerbauart (1958)	DBS 54	DBS 54	DBS 54
Zahl der Dauerfahrstufen	12	12	12
Fahrmotordrehzahl (max)	1.910 U/min	1.910 U/min	1.870 U/min
Klemmenspannung	433 V	433 V	433 V
Antrieb	Tatzlager	Tatzlager	Federtopf
Motorbauart	EDTM 494/V	EDTM 494/V	EDTM 494/V
Motorlieferer	BBC	BBC	BBC
Größte Anfahrzugkraft	60 kN	60 kN	60 kN
Übersetzung	29 : 61	29 : 61	28 : 66
Sitzplätze 1. Klasse	59	59	62
Sitzplätze Speiseraum	18	18	15
Bremsbauart	Hik-GPR	Hik-GPR	Hik-GPR
Bremskraftübertragung	Klotzbremse	Klotzbremse	Klotzbremse
Zugbeeinflussung	I 54	I 54	I 54
Beleuchtung		Leuchtstofflampen 230 V / 100 Hz	
Anheben des Stromabnehmers		Hilfsluftpresser im Wagen a für Küchenversorgung	
Umbau der Küche		Hansa-Waggon / BBC	
Abnahme im AW Cannstatt	18.11.1957	18.11.1957	25.11.1957

Anlage 16.4 – Hauptabmessungen des Projekts ET 06 von 1938

Betriebsnummer		elT 1910 – 1911 a/c/b
Geplante Betriebsnummer 1941		ET 06 01 – ET 06 02
Gattungszeichen		CPwPost4ük + BC4ü + BC4ü
Länge über Kupplung		69.930 mm
Radstand Triebdrehgestell		3.300 mm
Radstand Laufdrehgestell		3.200 mm
Treibraddurchmesser (neu/abgenutzt)		1.100 / 1.040 mm
Laufraddurchmesser (neu/abgenutzt)		970 / 920 mm
Radsatzlager		Rollenlager (Kugelfischer)
Drehzapfenentfernung Wagen a und b		15.700 mm
Drehzapfenentfernung Wagen c		15.600 mm
Dienstmasse, leer		160,4 t
Dienstmasse, besetzt		176 t
Höchstgeschwindigkeit		160 km/h
Sitzplätze 2. Klasse		36
Sitzplätze 3. Klasse		144
Abteiltiefe 2. Klasse		2.280 mm
Abteiltiefe 3. Klasse		1.580 mm
Fensterbreite 2. Klasse		1.400 mm
Fensterbreite 3. Klasse		1.000 mm
Transformatorleistung		3 x 390 kVA
Fahrmotor AEG / BBC		ELM 10a.1 / ELM 613 H
Stundenleistung AEG		6 x 255 kW
Stundenleistung BBC		6 x 290 kW
Antrieb		Kleinow / Buchli
Stromabnehmer		HISE
Schaltwerk		Nockenschaltwerk, 12-stufig
Steuerung		Vielfach, 38-polige Steuerleitung
Batteriespannung		110 V
Heizung		Luftheizung BBC/Pintsch
Frontkupplung		Scharfenberg
Bremsbauart		Druckluftbremse, elektrisch gesteuert
		Klotzbremse, Magnetschienenbremse
Sicherheitseinrichtungen		BBC-Sifa, Indusi (Dreifrequenz)
Lieferer	Fahrzeugteil	Waggonfabrik Uerdingen
	Elektrische Ausrüstung	AEG / BBC

△ **Bild 205** • Dieses Werkfoto der Maschinenfabrik Esslingen zeigt den (noch nicht fertiggestellten) elT 1900, den späteren ET 11 01. Aufnahme: Werkfoto Esslingen, Sammlung EK-Verlag